KB095649

가능성이 폭발하는
골든타임 육아

가능성이 폭발하는 골든타임 육아

3~6세 성장 발달에 딱 맞는 홈메이드 몬테소리

후지사키 다쓰히로 지음
부산대 임영탁 교수 감수
이지현 옮김

현익출판

일러두기

1. 아이의 연령은 모두 만 나이를 기준으로 합니다.
2. 본문에는 부모, 자녀, 엄마, 아빠라는 호칭을 사용하였으나 주양육자라면 누구나 활용할 수 있는 내용입니다.

"다음 단계로 나아가는 스텝은
그 이전 단계를 얼마나 충실하게 경험했는지에 달려 있습니다."

— 마리아 몬테소리의 '스몰 스텝스small steps' 이론

아이들의 민감기

아이들이 무언가에 강하게 관심을 보이며 같은 행동을 반복하는 시기. 몬테소리 교육에서는 그것을 '민감기'라고 부릅니다.

운동 생활에 필요한 운동 능력을 획득해요.	자신의 의지대로 신체를 움직일 수 있는 능력을 키웁니다. 걷기와 같이 전신을 사용하는 운동부터 손가락을 움직이는 섬세한 운동까지, 몸을 자기 뜻대로 움직일 수 있는 것에 기쁨을 느끼는 시기입니다.
언어 모국어를 점점 흡수해요.	뱃속에서 엄마의 목소리를 들으며 자라고, 태어나서 3세가 될 때까지 모국어의 기본을 거의 다 습득합니다. 듣기, 말하기가 즐거운 시기입니다.
질서 순서, 장소, 습관 등에 강하게 집착해요.	아무것도 모르고 태어난 아기는 세상의 구조를 질서정연하게 이해해 나갑니다. 그래서 질서가 무너지면 바로 기분이 상하기도 합니다.
작은 물체 작은 물체를 명확하게 보고 싶어 해요.	아이는 태어나자마자 눈의 초점을 맞추는 연습을 시작합니다. 작은 물체에 초점이 맞아서 명확하게 보였을 때 큰 기쁨을 느낍니다.
감각 오감이 발달해요.	3세 전후로 지금까지 흡수했던 방대한 정보를 오감을 통해서 분류하고 정리하기 시작합니다. '명확하고, 선명하고, 깔끔하게' 이해하고 싶어 하는 시기입니다.
쓰기 읽기보다 쓰기를 먼저 하고 싶어 해요.	손가락 끝을 움직이고 싶어 하는 운동 민감기와 겹쳐져 눈으로 정확하게 보면서 쓰고 싶다는 강한 충동이 이는 시기입니다.
읽기 읽기를 너무 즐거워해요.	자기 주변의 글자를 너무나도 읽고 싶어 하는 시기입니다. 다양한 글자 카드를 벽에 붙여 두면 아이 스스로 읽기 시작합니다.
숫자 무엇이든지 세고 싶어 해요. 이 시기는 조금 늦게 찾아와요.	숫자를 읽고, 세고 싶은 마음이 강해지는 시기입니다. 어느 쪽이 더 많고 적은지 등 양에 집착하는 시기이기도 합니다.
문화와 예절 사회성이 싹트고 다른 문화도 이해할 수 있어요.	아침 인사와 저녁 인사, 계절, 연중행사 등에 관심을 가집니다. 어른들의 행동을 보고 따라 하고 싶어 하는 시기입니다.

언어 민감기: 쓰기와 읽기

듣고 말하기에 더해서 글자를 쓰고 읽기 시작하며 자신을 점점 더 많이 표현할 수 있게 됩니다.

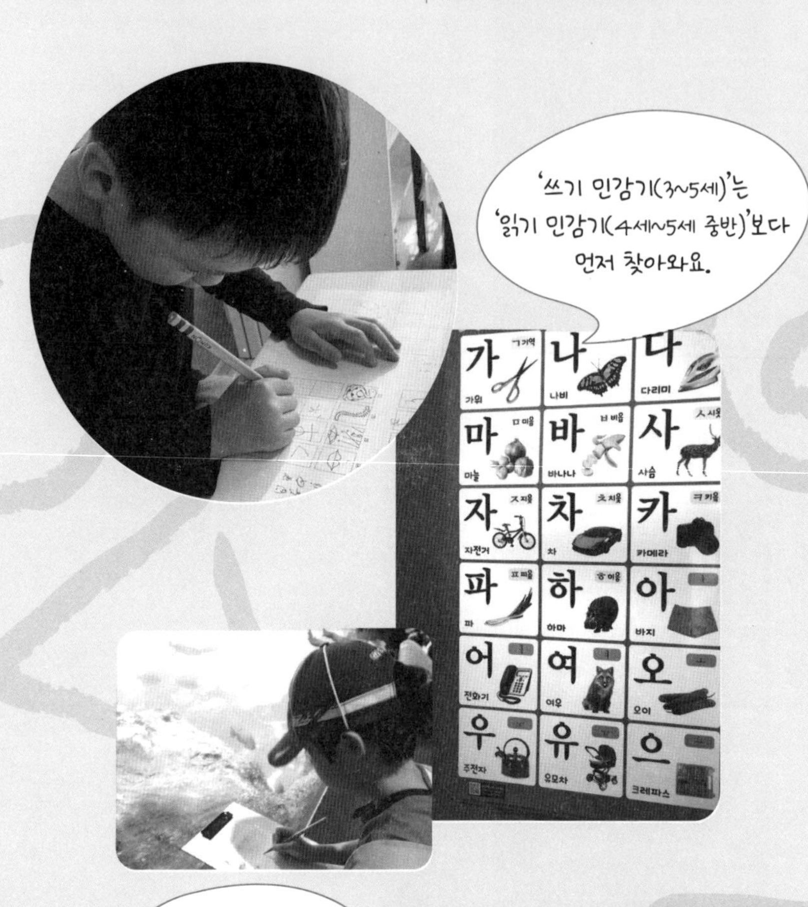

손가락으로 따라 써 보는 것이 우척 즐겁고 재미있어요!

숫자 민감기:
숫자 세기

숫자를 읽고 싶은 마음이 강해지는 시기입니다. 본격적으로 숫자 세기를 즐거워하는 시기는 4세 이후부터 찾아옵니다.

숫자 세기는 즐거워요!
(4~6세)

비즈를 활용해서
숫자 교구도
만들 수 있어요.

감각 민감기:
비교하기와 분류하기

3세가 지나면 오감을 이용해서 같은 물건을 찾고 비교하고 분류합니다.

같은 것끼리 나누기,
키 순서대로 나열하기…
집중해서 분류해요!

운동 민감기: 일상생활 연습하기

오리기, 접기, 붙이기, 꿰매기 등의 동작을 복합적으로 수행하면서 일상생활에서 혼자 할 수 있는 일이 점점 늘어납니다.

칼로 자르고
반죽을 섞어요!

국경이 없는 지구본

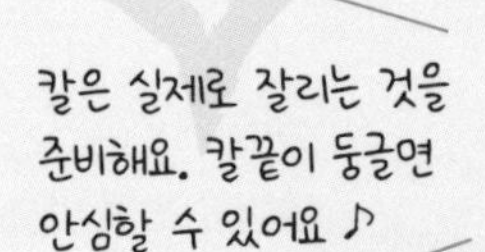

칼은 실제로 잘리는 것을 준비해요. 칼끝이 둥글면 안심할 수 있어요 ♪

각을 맞춰서 접어요.

진짜 바늘을 사용해서
꿰매는 연습을 해요!

발달의 4단계

몬테소리 교육은 인간이 태어나서 성인이 되기까지 24년을 아래와 같이 6년씩 4개의 기간으로 나누어 '발달의 4단계'로 정리합니다. 여기서 진하게 표시된 시기에 주목해 주세요. 해당 시기는 변화가 심하므로 이때 부모는 아이에게 각별한 주의를 기울여야 합니다. 이 시기를 아느냐 모르느냐에 따라서 육아가 크게 달라집니다.

영유아기

가장 많이 성장하고 변화하는 시기입니다. 아이는 앞으로 인생을 살아가는 데 필요한 능력의 80%를 이 6년 사이에 모두 익힙니다. 이 시기는 3세를 경계로 전기와 후기로 나뉩니다.

전기 **0~3세**

자기 주변의 모든 정보를 무의식적으로 흡수합니다. 인간에게 가장 중요한 능력인 걷기, 손 조작, 말하기가 확립됩니다.

후기 **3~6세**

0~3세에 무의식적으로 흡수한 방대한 정보를 오감을 이용해서 정리해 나갑니다. 집단 속에서 자신을 통제할 수 있게 됩니다.

아동기

6~12세 · 초등학교

안정된 시기로 많은 양의 정보를 기억할 수 있습니다. 친구를 제일 중요하게 생각하는 변화가 찾아오는 시기이기도 합니다.

사춘기

12~18세 · 중고등학교

몸과 마음이 크게 변화하는 불안정한 시기입니다. 주변 사람과 달라지거나 겉도는 것을 두려워합니다.

청년기

18~24세 · 대학교

자신이 속한 사회에 어떻게 기여하면 좋을지를 고민하는 시기입니다. 성장은 안정적입니다.

자기긍정감을 낳는 성장 사이클

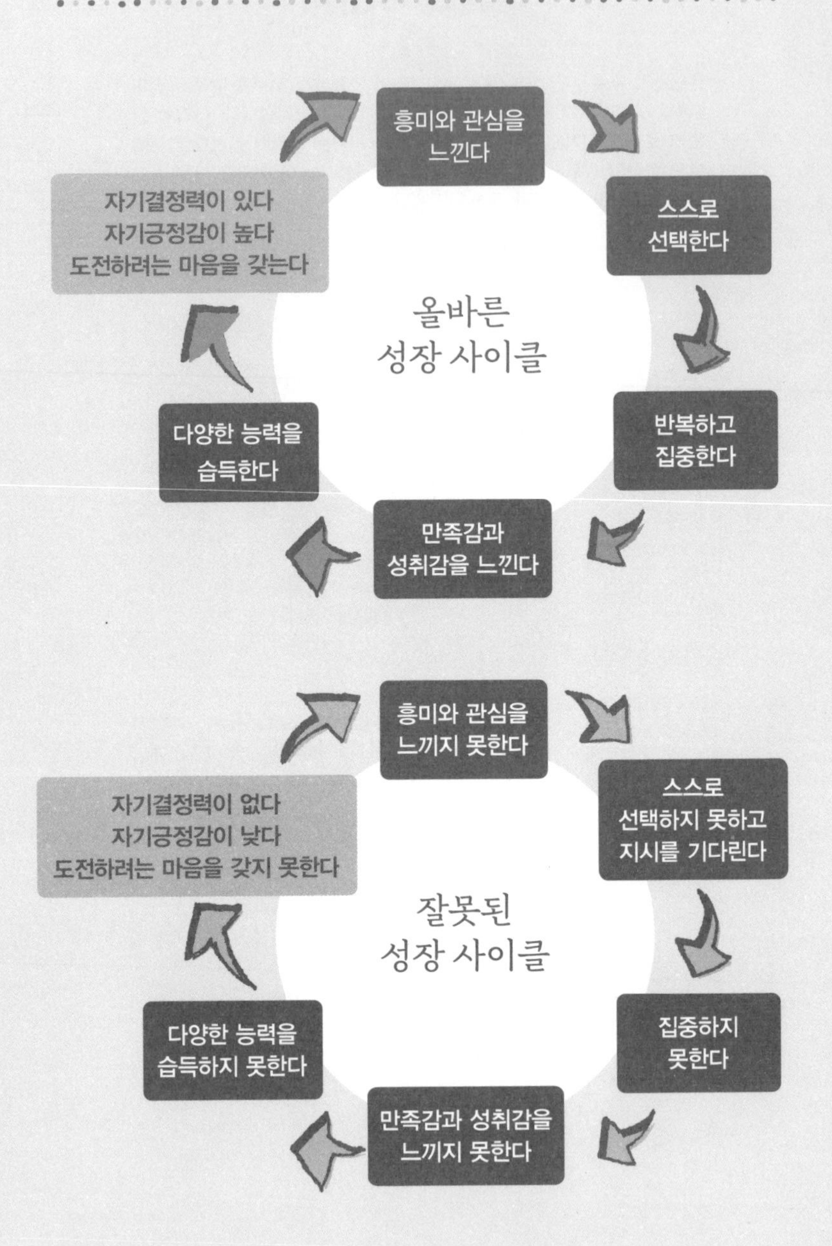

들어가며

인생 단 한 번뿐인 민감기, 아이의 가능성을 깨우는 홈메이드 몬테소리 교육

제가 주관하고 있는 몬테소리 육아 살롱에 세 살짜리 꼬마 아이가 왔습니다. 아이는 육아 살롱에 와서부터 집에 갈 때까지 두 시간 내내 가위질만 했습니다. 아이를 데리러 온 엄마는 이 이야기를 듣고 "가위질만 했군요…."라며 다소 실망스러운 표정을 지었습니다. 여러분이라면 어떤 생각이 들었을까요? 이 아이의 엄마처럼 '모처럼 육아 살롱에 왔는데 가위질만 하지 말고 다른 활동도 많이 하면 좋을 텐데….'라는 생각이 들지도 모르겠습니다.

그런데 이렇게 생각해 보면 어떨까요? 아이가 아침에 살롱에 와서 가위질을 막 시작했을 때에는 가위도 잘 쥐지 못하고 가위질도 서툴렀습니다. 그런데 두 시간 내내 반복해서 연습하다 보니 가위질 솜씨가 제법 늘어서 집에 돌아갈 때쯤 되자 선을 따라서 슥슥 능숙하게 가위질을 잘하게 되었습니다. 이 아이는 이제 평생 가위질을 잘하는 사람으로 살아갈 것입니다. 어떤가요? 정말 멋진 일 아닌가요? 우리가 어린 시절에 배운 자전거 타는 법을 평생 잊어버리지 않는 것처럼 영유아기에 몸으로 익힌 능력은 절대로 잊히지 않고 평생 남습니다.

3~6세 사이의 3년은 아이가 자기 인생의 주인공으로 살아갈 준비를 즐겁게 해 나가며, 그런 준비 작업에 집중하는 것만으로도 성장이 순조롭게 이루어지는 매우 소중하고 의미 있는 시간입니다. 그래서 이를 지켜보는 부모는 반드시 '육아 예습'을 통해 자녀의 성장에 대한 올바른 지식을 미리 알고 있어야 합니다. 육아 예습에 매우 적합한 것이 바로 이탈리아의 첫 여의사인 마리아 몬테소리Maria Montessori가 제창한 몬테소리 교육입니다.

마리아 몬테소리는 100년도 더 이전에 '아이들은 무력하고 아무것도 할 수 없는 존재'라는 기존의 사고방식에 반론을 제기하며 '아이들은 무엇이든 잘할 수 있도록 태어났다. 만일 못하는 것이 있다면 물리적으로 불가능한 환경에 처해 있거나 방법을 모르기 때문'이라고 주장했습니다. 또한 '어린이의 집Casa dei Bambini'이라는 환경을 마련하여 아이들이 무엇이든 스스로 할 수 있다는 것을 입증했습니다. 마리아 몬테소리의 이런 훌륭한 교육법은 100년이 지난 지금까지도 전 세계적으로 많은 지지를 받고 있습니다.

저는 50세의 나이에 몬테소리 교육과 만났습니다. 이후 이 교육방식을 세상에 꼭 전해야 한다는 일념으로 20년간 근무하던 외국계 금융기관을 그만두고 학교에 다니기 시작했습니다. 회사 동료들과 가족들은 제정신이냐며 맹렬하게 반대했습니다. 그도 그럴 것이 저 자신도 왜 그렇게 무모한 결단을 내렸는지 그 당시에는 명확한 이유를 알지 못했습니다. 그런데 몬테소리 교사를 양성하는 수업에서 '인간의 경향성(212p 참고)'에 대해 배우면서 '자신이 탐구하고 배운 것을 다음 세대에 전하고 싶다.'라는 강한 충동이 고대부터 전해져 내려오는 인간의 당연한 본능이라는 사실을 알게 되었습니다. 이로써 제가 하고자 하는 일에 확신을 품을 수 있었습니다.

몬테소리 교육은 아이들의 자율성, 창의성, 집중력 등을 높이는 훌륭한 교육으로, 현재 우리가 사는 세상을 움직이는 뛰어난 경영인들도 몬테소리 교육을 받았습니다. 아마존Amazon의 창업자인 제프 베조스Jeff Bezos나 위키피디아Wikipedia의 창업자인 지미 웨일즈Jimmy Wales, 구글Google의 공동 창업자인 세르게이 브린Sergey Brin과 래리 페이지Larry Page도 몬테소리 교육을 받고 자랐습니다.

그런데 몬테소리 교육에는 큰 단점이 있습니다. 바로 교육을 받을 수 있는 전문 시설의 수가 매우 적다는 점입니다. 몬테소리 교육을 접하고 민감기의 중요성을 실감한 부모가 아이에게 몬테소리 교육을 시키고 싶다고 결심해도 집 근처에서 전문 시설을 찾기가 쉽지 않습니다. 운 좋게 집 근처에 시설이 있더라도 양육자가 데려다주고 데리고 와야 하는 번거로움과 교육비 등의 사정으로 다니지 못하는 경우도 있습니다.

몬테소리 교육은 알면 알수록 0~6세의 민감기에 적절한 자극을 주는 것이 아이들에게 얼마나 중요한지를 깨닫게 합니다. 아이의 인생에 단 한 번뿐인 민감기에 몬테소리 교육을 받게 하고 싶다는 강렬한 바람은 부모라면 누구나 같을 것입니다. 그렇다면 몬테소리 교육을 집에서 할 수는 없을까요?

이 질문이 홈메이드 몬테소리의 출발점이었습니다. 홈메이드 몬테소리는 제가 만들어 낸 말이 아닙니다. 0~3세 몬테소리 교육을 다룬 전작이 많은 독자에게 호평을 받았고 이에 힘입어 태국에서 번역 출간되었는데, 태국에서 출간된 책의 제목이 다름 아닌《홈메이드 몬테소리HOMEMADE MONTESSORI》였습니다. 몬테소리 교육을 집에서 시켜 주고 싶다는 부모의 간절한 바람은 만국 공통인 모양입니다. 그리하여 집에서 할 수 있는 몬테소리 교육이 전 세계로 널리 전파되기를 꿈꾸며 홈메이드 몬테소리를 이 책의 중심 주제로 삼았습니다.

사실 본격적인 몬테소리 교육을 받기 위해서는 몬테소리 유치원에 다녀야 하고 몬테소리 교구와 몬테소리 인증 교사가 필요합니다. 그렇다고 집을 몬테소리 유치원처럼 개조하거나 부모가 갑자기 몬테소리 교사 자격증을 딸 수는 없는 일이죠. 이는 홈메이드 몬테소리의 목적이 아닙니다. 따라서 이 책에는 집에서 할 수 있는 범위의 몬테소리 활동을 실었습니다. 이 중에서 여러분의 집에서 가능한 것을 직접 경험해 보고 아이를 더욱 깊이 이해하며 부모로서 자신감을 키워 나갔으면 좋겠습니다. 짧은 시간이라도 괜찮습니다. 활동의 일부만 하는 것도 괜찮습니다. 매일 하지 못하더라도 안 하는 것보다는 나으니 꼭 실천해 보기를 바랍니다.

이 책에 소개한 것은 제가 이론에 기초해서 직접 집에서 실천하고 있는 것들입니다. 최소한의 이론과 실천 가능한 사례를 추렸습니다. 또한, 이 책의 또 다른 주제는 '자녀 성장에 따른 부모 레벨 업' 입니다. 기술의 진화에 따라서 컴퓨터나 스마트폰도 업그레이드되

듯이 자녀의 성장에 맞추어 부모도 성장해 나가야 할 것입니다.

지금까지 수많은 아이를 만나 왔지만, 저는 특히 3세 이후의 아이들을 관찰하는 것을 제일 좋아합니다. 마치 어린 초목이 긴 겨울을 보내고 봄을 맞이해서 꽃을 피우고 신록의 계절로 시시각각 모습을 바꾸는 것처럼 아이들이 보여 주는 훌륭한 변화는 그야말로 경이롭습니다. 부모라면 우리 아이가 한 인간으로서 겪는 역동적인 변화의 과정을 반드시 놓치지 않고 관찰할 수 있기를 간절히 바랍니다. 이 책이 육아의 즐거움을 맛보고 부모와 아이 모두 행복한 인생을 살아가는 데 조금이나마 보탬이 된다면 그보다 더한 기쁨은 없을 것입니다.

후지사키 다쓰히로

차례

PART 8 '어른들을 따라 하고 싶어요!' 문화와 예절 민감기

PART 9 부모도 레벨 업이 필요하다

PART 10

미래까지 생각하는 교육

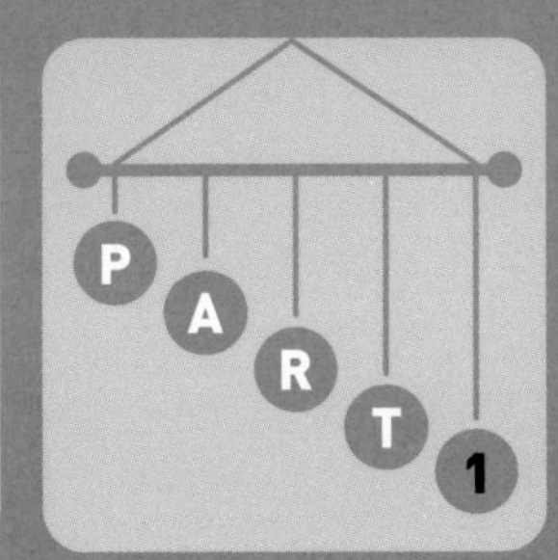

Montessori

아이의 타고난 능력을 싹틔우는 몬테소리 교육

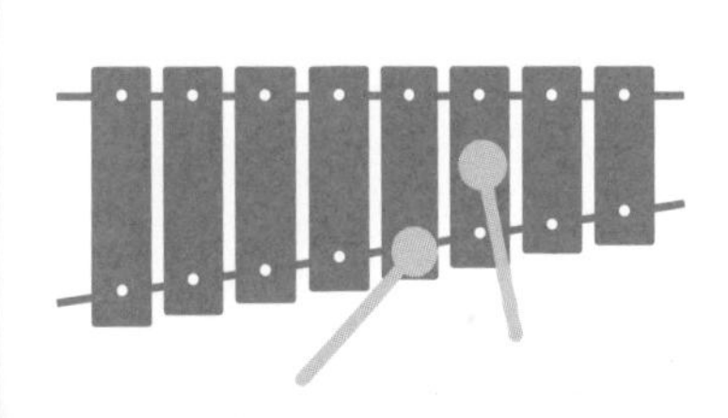

몬테소리 교육 바로 알기

육아는 복습이나 반성보다 '예습'이 중요하다

여러분은 학창 시절에 아기가 태어나면 어떻게 키워야 하는지를 가르쳐 주는 육아 수업을 받아 본 적이 있나요? 아마도 거의 없을 것입니다. 그런데도 우리는 결혼을 하고, 임신을 하고, 부모가 됩니다. 첫 육아는 정말이지 이루 말할 수 없을 만큼 힘들죠. 모르는 것 투성이니 그야말로 비상사태의 연속입니다.

하지만 인간 아기의 성장은 수백 년을 거슬러 올라가도 거의 변화가 없습니다. 여러분의 아이가 몇 개월이 되면, 혹은 몇 살이 되면 어떤 성장 과정에 들어가고 어떤 행동을 할 것인지를 미리 알 수 있다는 뜻입니다. 마치 학교 선생님이 '자, 이거 시험에 나올 거니까 잘 들어!'라고 미리 알려 주는 것처럼 말입니다. 그러니 우리가 육아를 예습하지 않을 이유가 있을까요?

이것이 바로 육아 예습을 강력하게 추천하는 이유입니다. 그리고 육아 예습에 가장 적합한 것이 바로 몬테소리 교육입니다. 본문에서 더 자세하게 다루겠지만, 몬테소리 교육의 주축이기도 한 민감기 표(6p 참고)를 보면 '○세 ○개월에는 아이의 성장 과정이 이러하다.'라고 명기하고 있습니다. 따라서 부모는 이에 맞추어 준비만 하면 됩니다.

단, 주의해야 할 점이 있습니다. 흔히 예습이라고 하면 어렸을 때부터 선행으로 지식을 주입하는 '조기 교육'의 이미지를 떠올리기 쉬운데, 실은 정반대입니다. 부모가 아이의 성장을 예습하면 아이의 성장 과정을 주의 깊게 살피고 관찰하면서 기쁨을 느낄 수 있고, 육아에 더욱 충실하게 전념할 수 있습니다. 다시 말해 육아 예습은 아이에게 있어 최적의 타이밍에 딱 맞는 '적기 교육'을 해 주기 위한 것입니다.

교육은 타이밍이 중요합니다. 제대로 예습해 두지 않으면 자신도 모르는 사이에 아이의 성장 타이밍을 놓치고 맙니다. 아이들은 눈 깜짝할 사이에 성장하니까요. 이미 지난 후에 '아, 그때 이렇게 했으면 좋았을 텐데….'라는 후회나 복습은 육아에서만큼은 통하지 않습니다.

이 책은 3~6세까지 여러분의 자녀가 연령에 따라서 반드시 거쳐 가는 길을 안내합니다. 그리고 부모로서 각 시기에 맞추어 어떤 준비를 하면 좋을지 가정에서 바로 실천할 수 있는 방법을 소개하고 있으니 안심하고 잘 읽어 주시길 바랍니다.

자, 그럼 몬테소리 교육이란 무엇인지 알아보는 것부터 시작해 봅시다.

누가, 언제 시작한 교육인가?

몬테소리 교육의 창시자인 마리아 몬테소리Maria Montessori는 1870년 이탈리아에서 태어났습니다. 몬테소리가 아이들 스스로 무엇이든 할 수 있는 환경을 갖춘 '어린이의 집Casa dei Bambini'을 세운 것은 그로부터 37년 후인 1907년입니다. 이를 시작점으로 본다면 몬테소리 교육은 100년도 더 된 교육법입니다. 이렇게 설명하면 몬테소리 교육을 오래되고 낡은 교육법이라고 오해할지도 모르겠습니다. 하지만 몬테소리 교육은 지금도 변함없이 전 세계 수많은 사람의 지지를 받고 있습니다. 그 이유는 무엇일까요?

바로 아이들의 성장 과정에는 수백 년이 지나도 변하지 않는 '보편성'이 존재하기 때문입니다. 나라마다 문화와 풍습은 달라도 아이의 성장 과정은 다르지 않습니다. 인간의 보편적인 성장 원리에 따른 교육법이기에 몬테소리 교육은 예나 지금이나 전 세계적으로 큰 지지를 받고 있습니다.

게다가 몬테소리 교육은 현재에 이르러 다시금 더 큰 주목을 받기 시작했습니다. 혹시 'GAFA'를 아시나요? 현대 사회를 견인하고 있다고 해도 과언이 아닌 구글Google, 애플Apple, 페이스북Facebook, 아마존Amazon의 첫 글자를 따서 조합한 용어인데, 이 중에서 애플을 제외한 세 개 회사의 창업자가 영유아기에 몬테소리 교육을 받고 자랐다고 합니다. 현대의 총아라 불리는 그들은 몬테소리 교육을 통해 무엇을 배우고 익혔을까요? 그런 경험이 미래를 살아갈 우리 아이들에게 어떤 도움이 될까요? 본문에서 더 자세하고 깊게 다루고 있으니 기대감을 품고 읽어 나가 주시길 바랍니다.

몬테소리 교육이란 어떤 교육인가?

100년도 더 된 과거에는 '아이들은 아무것도 할 수 없는 존재이므로 부모나 교사가 하는 말을 잘 따르기만 하면 된다', '아이들은 밖에서 활발하게 뛰어놀면 그만이다', '공부는 초등학교에 들어가서 하면 된다.'라는 것이 정설이었습니다. 그러나 마리아 몬테소리는 이와 완전히 반대되는 의견을 주장했습니다.

> "아이들은 모든 것을 할 수 있도록 태어났다. 만일 할 수 없는 것이 있다면 물리적으로 불가능한 환경에 처해 있거나 어떻게 하면 좋을지 그 방법을 모를 뿐이다."

환경을 조성하고 방법을 가르쳐 주면 아이들은 무엇이든 스스로 할 수 있다는 것을 증명한 사례가 바로 1907년 이탈리아 슬럼가에 마리아 몬테소리가 설립한 '어린이의 집'입니다. 어린이의 집은 책상, 의자, 화장실, 세면대 등 모든 시설을 아이들의 신체에 맞추었습니다. 칼과 가위 등의 도구도 아이들에게 맞는 크기로 실제로 자르고 오릴 수 있는 것들을 준비했습니다. 이러한 환경에 놓인 아이들은 마치 다시 태어난 것처럼 스스로 활기차게 활동하기 시작했습니다. 이처럼 아이들이 본래 지니고 태어난 능력을 믿고 부모와 교사가 아이 스스로 할 수 있도록 도와주는 것, 이것이 바로 몬테소리 교육의 본질입니다.

이 책의 사용 방법

이 책은 집에서도 간단하게 할 수 있는 홈메이드 몬테소리 활동을 소개하고 있습니다. 3세 이후로는 성장 속도가 빠르고, 관심을 보이는 분야와 몰입도가 아이마다 크게 다릅니다. 따라서 본문에 대상 연령을 표기하기는 했으나 이는 대략적인 기준으로 생각해야 합니다. 대략적인 기준과 맞지 않는다고 해서 초조해할 필요가 없다는 뜻입니다. 왜냐하면 성장 과정의 순서는 변하지 않기 때문입니다. 무엇이든 빨리할 수 있다고 좋은 것이 아닙니다. 서두르지 말고 자녀의 현재를 소중하게 여기며 세심하게 관찰하길 바랍니다.

예를 들어 연필을 잘 쥐고 쓰기 위해서는 그 이전의 성장 단계에서 잡기, 비틀기, 꼬기 등 손가락을 사용하는 활동을 많이 해야 합니다. '빨리 이러이러한 것을 할 수 있게 되면 좋겠다.'라는 부모의 조급함으로 무리하게 선행 교육을 하다가 반드시 거쳐야 하는 성장 과정을 급하게 뛰어넘지 않도록 주의가 필요합니

✽ 아이가 '해냈다!' 하며 기뻐하는 모습을 많이 만들어 나가요!

다. 절대 초조해하거나 조급해해서는 안 됩니다. 완벽함을 추구할 필요도 없습니다. 아이가 가진 능력을 믿고 혼자 스스로 해낼 수 있도록 도와줘야 합니다. 그러면 이제 몬테소리 교육에 대한 기초를 쌓았으니 실전으로 들어가 볼까요?

> "다음 단계로 나아가는 스텝은 그 이전 단계를 얼마나 충실하게 경험했는지에 달려 있습니다."
>
> — 마리아 몬테소리의 '스몰 스텝스small steps' 이론

우리 아이는 어떻게 자라고 있을까?

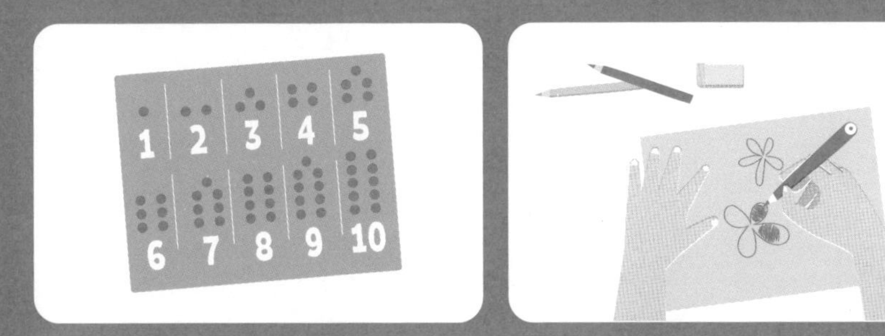

발달 단계를 알면 우리 아이의 현재가 보인다

자녀의 발달 4단계

홈메이드 몬테소리는 현재 우리 아이가 어떤 성장 단계를 거치고 있는지를 아는 것에서 시작됩니다. 이를 위한 최적의 지표가 바로 마리아 몬테소리가 생각해 낸 '발달의 4단계(11p 참고)'입니다.

어른들은 아이가 '어른의 축소판'이라고 생각해서 연령에 따라 몸이 서서히 성장하면 그에 맞춰 마음과 정신도 순조롭게 성장해 간다고 생각하기 쉽습니다. 그러나 마리아 몬테소리는 그렇게 생각하지 않았습니다. 몬테소리는 아이들의 마음과 정신이 연령마다 크게 변화한다고 생각했습니다. 마치 알에서 태어난 애벌레가 번데기를 거쳐 마침내 아름다운 나비가 되는 것처럼 말이죠. 그리고 이러한 변화를 '발달의 4단계'로 정리했습니다. 발달의 4단계를 잘 알아 두면 육아가 편하고 즐거워지므로 착실하게 예습해 두면 좋겠습니다.

그럼 11페이지에 실린 표를 봐 주시길 바랍니다. 마리아 몬테소리는 인간이 0세에 태어나 24세에 어른이 된다고 보고 24년을 6년씩 4개의 기간, 즉 발달의 4단계로 나누었습니다. 자세히 살펴보면 0~6세까지 초등학교에 들어가기 이전의 기간을 '영유아기', 6~12세까지 초등학교에 다니는 기간을 '아동기', 12~18세까지 중고등학교에 다니는 기간을 '사춘기', 18~24세까지 대학교와 대학원에 다니는 기간을 '청년기'라고 칭했습니다.

여기서 주목해야 할 점은 큰 변화가 찾아오는 시기와 안정적인 시기가 따로 있다는 점입니다. 영유아기와 사춘기는 변화가 매우 심한 시기이므로 부모의 각별한 주의가 필요합니다. 반면 아동기와 청년기는 몸과 마음의 성장이 안정적이라 부모가 어느 정도 안심해도 좋은 시기라고 할 수 있습니다.

이 책을 읽고 계신 여러분의 자녀는 제1단계인 영유아기에 해당할 것입니다. 태어나서 초등학교에 입학하기 전까지의 6년은 아이에게 많은 변화가 일어나는 기간으로 매우 중요한 시기입니다. 그러나 전 세계적으로 이 시기의 아이들은 아무것도 할 수 없으니 부모나 교사의 말만 잘 따르면 된다거나, 공부는 초등학교에 들어가서 하면 되니 그때까지는 밖에서 뛰어놀면 그만이라는 생각이 주류를 이루었습니다. 반면 마리아 몬테소리는 '0~6세의 기간은 인간이 앞으로의 긴 인생을 살아가는 데 필요한 80%의 힘을 기르는, 인생에서 가장 중요한 시기'라며 전혀 다른 생각을 펼쳤습니다. 맞습니다. 여러분의 아이는 지금 인생에서 가장 중요한 영유아기를 보내고 있는 것입니다.

다시 한번 발달의 4단계 표를 자세히 봐 주시길 바랍니다. 여러분의 자녀가 해당하는 제1단계인 영유아기의 중앙에 그어진 선을 발견할 수 있을 것입니다. 마리아 몬테소리는 '신神은 마치 빨간 선을 긋듯이 0~3세와 3~6세의 아이들을 나누었다.'라고 주장했습니다. 이처럼 영유아기는 3세를 경계로 전기와 후기로 나뉘며 3세 전후로 크게 변화합니다. 이를 근거로 몬테소리 교육에서는 교사 자격을 0~3세와 3~6세로 나누어 부여하고 있습니다. 교사의 기질도 아이들의 성장에 맞추어 달라야 하기 때문입니다. 이 책 역시 그 점을 반영하여 3~6세만을 대상으로 범위를 좁혀 구체적으로 구성했으며 가정에서 실천 가능한 것들을 위주로 소개하려고 노력했습니다.

3세를 경계로 아이들은 크게 변합니다. 기술의 진화에 따라 컴퓨터나 스마트폰을 업그레이드하듯이 육아도 마찬가지입니다. 부모도 자녀의 성장에 맞추어 사고방식을 업그레이드해야 합니다. 즉, 육아에도 '레벨 업'이 필요합니다.

의식적으로 기억하고 지성이 싹트는 3세

3세를 경계로 아이들의 기억 방식에는 큰 변화가 일어납니다. 0~3세까지의 아이들은 '무의식적 기억'이라는 기억 방식을 사용해서 눈으로 보고 귀로 들은 것을 마치 사진을 찍듯이 무의식적으로 머릿속에 집어넣습니다. 그 흡수량은 어마어마해서 마치 커다란 양동이 안에 무작위로 정보를 마구 퍼붓는 것과 같습니다. 그리고 아이들은 그 기억을 그 상태 그대로 보존합니다.

그러나 3세부터는 어른이 사용하는 것과 같이 '의식적 기억'이라는 기억 방식을 사용할 힘이 생깁니다. 3세가 되면 아이는 양동이 안에 무작위로 퍼부었던 정보를 명확하고 선명하고 깔끔하게 정리하고 싶다는 강한 충동에 사로잡히게 됩니다. 그래서 이 정보들을 시각, 촉각, 청각, 미각, 후각, 즉 오감을 총동원해서 정리하기 시작합니다. 말하자면 '지성이 싹트는' 때입니다.

마리아 몬테소리는 3세를 '지성의 경계선a borderline in men's formation'이라고 칭했고 3세 전후를 경계로 아이들이 새로운 시기로 진입한다고 말했습니다. 여러분이 이 시기에만 볼 수 있는 자녀의 역동적인 변화를 놓치지 않기를 진심으로 바랍니다.

Point!

| 홈메이드 몬테소리 교육 |

- ☐ 아이는 발달 4단계에 따라 크게 변화한다.
- ☐ 3~6세는 발달 1단계인 영유아기 후기에 해당한다.
- ☐ 3세를 경계로 지성이 싹튼다.

몬테소리 교육의 출발점은 '민감기'다

3~6세에 찾아오는 5개의 민감기

몬테소리 교육으로 육아 예습을 할 때 가장 중요한 키워드는 '민감기'입니다. 민감기란 아이가 무언가에 강한 흥미를 느끼고 집중해서 같은 행동을 반복하는 어느 한정된 시기를 일컫는 말입니다. 6페이지에 실린 민감기 표를 봐 주시길 바랍니다. 민감기에는 여러 종류가 있는데, 0~6세까지 6년 동안 총 9종류의 민감기가 나타났다가 사라집니다. 여러 민감기 중에서 3~6세 사이에 특히 중요한 것은 다음 5종류입니다.

❶ 운동 민감기

❷ 감각 민감기

❸ 언어 민감기(쓰기와 읽기)

❹ 숫자 민감기

⑤ 문화와 예절 민감기

3~6세의 특징은 이들 5종류의 민감기가 순서대로 찾아오는 것이 아니라 서로 겹치고 연관되어서 찾아온다는 점입니다. 0~3세보다 더욱 복잡하고, 아이마다 흥미를 보이며 집착하고 몰입하는 분야와 깊이가 크게 다릅니다. 그렇기에 부모는 각각의 민감기에 대한 특징을 예습하고 올바른 관점에서 관찰해야 아이의 현재를 놓치지 않을 수 있습니다.

며칠 전에 한 아이의 어머니로부터 이런 질문을 받았습니다. "저희 아들이 세 살인데 어느 날은 한 시간이나 방 안에 틀어박혀서 나오질 않더라고요. 이상해서 살짝 들여다봤더니 글쎄, 100개나 되는 캐릭터 장난감을 키 순서대로 일렬로 세우고서는 좋아서 방실방실 웃고 있는 거예요. 이런 행동을 보이는 저희 아이, 괜찮은 건가요?" 저는 이 질문에 "네, 어머님. 아드님은 아주 정상입니다. 건강한 아이네요!"라고 대답했습니다.

이 아이에게는 현재 운동 민감기가 찾아왔고, 손가락을 자유자재로 움직이며 섬세하게 물건을 다룰 수 있는 활동에 집중하고 있는 것입니다. 쓰러지기 쉬운 캐릭터 장난감을 신중하게 넘어지지 않도록 나란히 놓을 수 있게 된 것을 굉장히 기뻐하고 있는

상태죠. 또한, 감각 민감기도 함께 찾아와서 장난감의 키(높이)에도 아주 민감한 상태입니다. 신중하게 장난감의 키를 비교해서 순서대로 쓰러지지 않게 세웠다는 게 매우 만족스럽고 기쁜 것입니다.

어머니에게 "아이에게 지성이 싹 튼 거예요! 집중력이 참 대단하네요. 손가락을 섬세하게 잘 움직일 수 있는 것은 앞으로 살아가는데 평생의 보물이니 그대로 옆에서 지켜봐 주세요."라고 말씀드렸더니 흐뭇해하며 아이와 함께 귀가하셨습니다.

이처럼 얼핏 수수께끼와도 같은 행동이나 장난처럼 보이는 아이의 행동에는 성장의 힌트가 숨어 있습니다. 자녀의 성장에 대한 올바른 지식을 갖추고 따스한 시선으로 바라볼 수 있는 부모와, "맨날 이상한 장난만 치고! 보기 싫으니까 얼른 치워!"라며 꾸짖는 부모. 어떤 부모 밑에서 자라느냐에 따라서 아이의 성장은 180도 달라질 수밖에 없습니다. 이런 차이의 원인은 단 한 가지입니다. 부모가 '아느냐 모르느냐'. 바로 줄곧 강조해 온 '육아 예습'의 중요성입니다. 몬테소리 교육은 육아 예습에 가장 좋은 교과서입니다.

더욱 중요한 것은 민감기에는 반드시 시작과 끝이 있다는 점입니다. 6세가 지나면 민감기에 보였던 강한 집착은 대부분 사라집니다. 마리아 몬테소리는 "부모와 교사가 아이의 민감기를 간과하는 것은 마지막 차를 놓친 것과 같다."라고 말했습니다. 즉, 민감기는 두 번 다시 찾아오지 않는다는 뜻입니다. 냉정하게 들릴 수도 있겠지만 사실입니다. 그래서 육아 예습이 더더욱 필요하죠. 지나고 나서 '아, 그때가 민감기였구나. 그때 이렇게 했으면 좋았을 텐데…'라고 후회하고 반성해도 이미 때는 늦습니다.

'민감기에 대해서 아무리 예습을 해도 몬테소리 유치원에 다니지 않으면 마지막 차를 놓친 거나 마찬가지 아닌가?' 하며 걱정하고 있다면 안심하길 바랍니다. 부모가 이 책으로 육아 예습을 하고 자녀를 관찰하는 눈을 갈고닦는다면 민감기를 놓칠 염려는 없습니다. 집에서도 충분히 가능한 교육법이 많이 있습니다. 이것이 바로 이 책을 통해서 여러분에게 전하고자 하는 '홈메이드 몬테소리'의 목적입니다. 자녀의 민감기는 두 번 다시 찾아오지 않습니다. 그러니 아무리 짧은 시간이라도, 일부분이라도 괜찮습니다. 매일 하지 못하더라도 안 하는 것보다는 하는 것이 낫습니다. 할 수 있는 것부터 바로 시작해 봅시다.

Point!

| 홈메이드 몬테소리 교육 |

- ☐ 3~6세에는 다양한 민감기가 겹쳐서 찾아온다.
- ☐ 민감기에는 반드시 시작과 끝이 있다.
- ☐ 아무리 짧은 시간이라도, 일부분이라도, 매일이 아니더라도 안 하는 것보다는 하는 것이 낫다.

자녀 교육, 형식보다 본질이 중요하다

이 책에서 말하고자 하는 바는 '몬테소리 교육이 아니면 절대 안 된다.'가 아닙니다. 일반 어린이집이나 유치원이라도 아이들에 대한 올바른 견해를 가진 부모와 교사가 있다면 아이들은 훌륭하게 자랍니다. 저 역시 그랬습니다. 제 부모님은 몬테소리 교육의 '몬'자도 모르는 분들이셨습니다. 그래서 저는 어릴 적에 몬테소리 교육을 받아 본 적이 없습니다.

아마 유치원 상급반일 때의 일일 겁니다. 저는 전차 프라모델을 선물로 받고 너무 기뻐서 곧바로 조립하기 시작했습니다. 그런데 하다 보니 꽤 어려운 작업이었습니다. 그래서 아버지께 도와달라고 부탁을 드렸습니다. 하지만 아버지는 "설계도를 잘 보면 할 수 있어."라며 딱 잘라 거절하셨습니다. 저는 불만이 가득한 얼굴로 툴툴거리며 혼자 조립을 했고, 모터 스위치를 잘 붙이지 못하는 바람에 움직이지 못하는 전차를 만들었습니다.

그런데 그다음 날 아버지가 똑같은 프라모델을 사 오셨습니다. 그리고는 "다시 한번 설계도를 잘 보고 조립해 봐라." 하시며 제게 건네주셨습니다. 평소 아버지는 절약 정신이 투철한 분이셨기에 '이런 걸 사다 주시다니!'라며 어린 마음에 깜짝 놀랐던 기억이 있습니다. 저는 새 프라모델로 다시 한번 조립에 도전했고 멋지게 성공했습니다. 모터가 돌아가면서 전차가 움직이기 시작했을 때의 감동은 지금도 잊을 수가 없습니다. 그날 이후 저는 프라모델에 푹 빠져 지냈습니다.

기술자였던 아버지의 입장에서 조립을 도와주는 일은 식은 죽 먹기였을 것입니다. 그런데도 아버지는 일부러 도와주지 않으셨습니다. 스스로 조립해서 완성했을 때의 기쁨을 자식이 느껴 보게 하고 싶으셨던 것입니다. 저는 몬테소리 교육을 공부하면서 아버지의 속뜻을 이 나이가 되어서야 비로소 깨닫고 있습니다. 그리고 마음 깊이 감사하고 있습니다. 아버지는 자식의 능력을 믿고 차분히 지켜보면서 끝까지 스스로 해내는 성취감을 맛볼 수 있도록 하는 것이 얼마나 중요한지 잘 알고 계셨습니다. 이처럼 아이를 바라보는 올바른 혜안을 갖추고 있으면 특별한 시설에 보내지 않아도 살아 숨 쉬는 몬테소리 교육이 가능합니다.

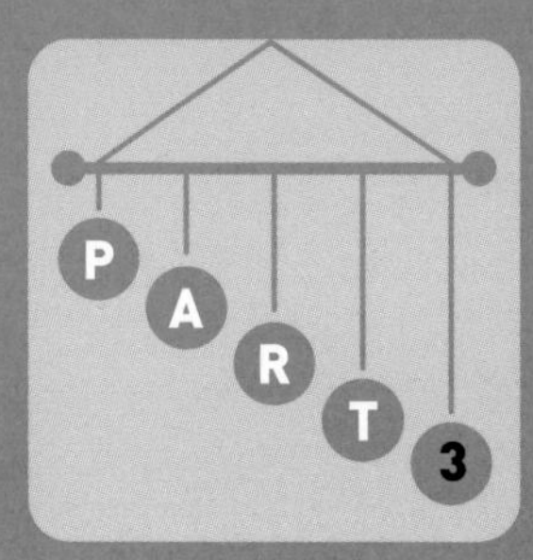

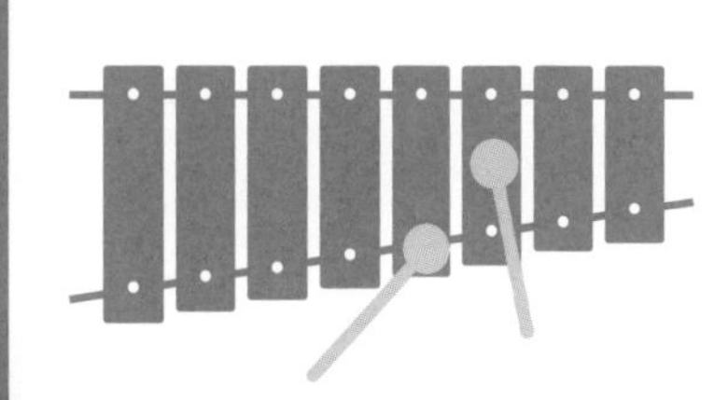

'내 힘으로 해 볼래요!' 운동 민감기

일상생활 연습하기

삶의 주인공으로 성장하는 아이

먼저, 민감기 중 하나인 '운동 민감기'부터 예습해 보도록 하겠습니다. 다시 한번 6페이지의 민감기 표를 봐 주시길 바랍니다. 표의 첫 항목에 운동 민감기가 있습니다. 운동 민감기는 출생부터 6세까지 지속되는데, 3세부터는 운동의 내용과 질이 크게 진화합니다.

0~3세까지의 아이들은 자신의 몸을 온 힘을 다해서 마음껏 움직이는 것이 목적입니다. 서기, 걷기, 잡기, 집기, 비틀기, 찌르기, 넣기, 통과하기 등 각각의 운동 동작을 몸에 열심히 익히고 동작을 마스터하는 것에 큰 기쁨을 느낍니다.

3세가 지나면 지금까지 마스터했던 각각의 운동 동작을 조합하고 능숙하게 수행해서 일상생활에 활용하는 단계로 넘어갑니다. 이를 몬테소리 교육에서는 '일상생활 연습'이라고 부릅니다. 일상생활 연습을 반복함으로써 초등학교에 진학할 무렵에는 자신을 둘러싼 일상생활의 대부분을 다른 사람의 힘을 빌리지 않고 혼자 할 수 있게 됩니다. 몬테소리 교육의 종착역인 '자기 인생의 주인공'을 향해 나아가는 것입니다.

따라서 부모는 자녀가 크게 변화해 나가는 것에 발맞추어 자녀를 관찰하는 눈과 자녀를 둘러싼 환경을 업그레이드해야 합니다. 아이가 무엇이든 스스로 선택하고 결정하며 자기 인생의 주인공으로 살아갈 것인지, 아니면 무엇이든 부모가 해 주길 바라고 시키는 대로만 행동하는 수동적인 삶을 살아갈 것인지는 3~6세까지 3년 동안 부모가 자녀를 어떻게 바라보느냐에 달려 있습니다. 다소 냉정하게 들릴 수도 있지만 그만큼 여러분의 자녀는 지금 매우 중요한 갈림길에 서 있는 것입니다. 이 점을 반드시 명심하시길 바랍니다.

몬테소리 교육은 일상생활 연습을 다음의 네 가지로 나눕니다.

❶ 운동 조절을 할 수 있게 됩니다.
❷ 자기 자신을 배려할 수 있게 됩니다.
❸ 주변을 배려할 수 있게 됩니다.
❹ 예의 바르게 행동할 수 있게 됩니다.

그럼 각각에 대해서 자세하게 살펴보도록 하겠습니다.

❶ 운동 조절을 할 수 있게 됩니다

3세까지의 아이들은 힘이 가는 대로 마음껏 달려 보면서 몸이 움직이는 것 자체에 기쁨을 느낍니다. 그러다가 3세가 지나면 자신의 움직임이나 동작을 조절하는 단계에 돌입합니다. 또한, 가위로 오리기나 풀로 붙이기 등 다양한 도구를 사용할 수 있게 되는데 이런 작업을 자기 뜻대로 할 수 있으려면 힘의 세기를 조절할 줄 알아야 합니다. 자신의 힘과 마음을 조절하는 것, 이것이 바로 '자율'의 시작입니다.

예를 들어 색종이를 가위로 잘라서 도화지에 풀로 붙이는 활동을 순서에 따라 분석하며 살펴보도록 합시다.

(1) 색종이를 한 손으로 잡는다.
(2) 반대쪽 손으로 가위를 쥐고 양 칼날 사이로 색종이를 넣는다.
(3) 자신이 생각한 형태로 오린다.
(4) 풀 뚜껑을 비틀어서 연다.
(5) 손가락으로 풀의 몸통을 눌러서 적절한 양이 나오도록 한다.
(6) 색종이에 풀을 칠한다.
(7) 자신이 붙이려고 생각한 곳에 색종이를 붙인다.
(8) 밖으로 삐져나온 풀을 닦아 낸다.
(9) 풀이 마를 때까지 만지지 않고 기다린다.

어떤가요? 여러 동작이 복합적으로 연결되어 있죠. 아이에게 '자신을 통제하는 것'이 얼마나 중요한 활동인지 알 수 있습니다. 이런 활동을 집중해서 반복하면 아이는 점차 능숙해집니다. 그리고 동작이 섬세해지는 것에 큰 기쁨을 느낍니다. 이것이 3세 이후에 찾아오는 운동 민감기의 특징입니다.

이렇게 아이들의 활동이 점차 복잡해지고 수준도 높아지기 때문에 부모가 자녀를 바라보는 방법이 중요한데, 그 열쇠가 되는 것이 바로 '관찰력'입니다. 조금 전 예로 들었던 색종이 활동처럼 각각의 동작을 따로따로 분석하면서 자녀를 관찰하는 연습을 해 봅시다. 서툴러서 아이가 답답해하거나 막히는 부분이 있을 것입니다. 예를 들면 가위로 연속해서 오리는 것을 어려워한다거나 풀 뚜껑이 빡빡해서 잘 열지 못할 수도 있습니다.

자녀를 관찰하다 보면 부모가 어떻게 도와줘야 아이가 자신의 문제를 해결할 수 있을지가 보입니다. 가위를 좀 더 작은 것으로 바꿔 주거나, 좀 더 간단한 가위질 활동을 해 볼 수도 있고, 물풀 대신 딱풀을 사용하게 할 수도 있습니다. 몬테소리 교사는 항상 아이들의 활동을 관찰하고 행동을 분석하여 해결책을 생각하는 훈련을 철저히 합니다. 그러나 이는 특별한 교육을 받지 않아도 가능합니다. '일상생활 속에서 아이에게 손을 내밀거나 말을 걸기 전에 일단 관찰하자!'라고 결심하면 자녀의 현재를 파악하는 데 도움이 됩니다.

❷ 자기 자신을 배려할 수 있게 됩니다

자기 인생의 주인공이 되기 위한 첫걸음은 자기 주변의 일을 스스로 처리하는 것입니다. 이를 몬테소리 교육에서는 '자기 자신에 대한 배려'라고 합니다. 자신의 일을 스스로 할 수 있게 되어야 비로소 다른 사람이나 다른 일에 눈을 돌릴 수 있습니다. 가령 아이가 아침에 일어나서 등원하기까지의 활동을 관찰해 봅시다.

(1) 아침에 혼자 눈을 뜨고 이부자리에서 일어난다.

(2) 세수를 한다.

(3) 식사를 한다.

(4) 이를 닦는다.

(5) 볼일을 본다.

(6) 옷을 갈아입는다.

(7) 가방을 멘다.

(8) 신발을 신는다.

각각의 활동에는 다양한 운동 조절 능력이 필요합니다. 예를 들어 아이가 옷을 입는 단계에서 힘들어한다면 그 원인은 무엇일까요? 단추를 잘 끼우지 못하는 것이 원인인 경우, 분주한 아침 시간에 옷을 입은 채로 단추 끼우는 법을 가르치는 것은 현실적으로 힘든 일입니다. 이런 경우에는 편안한 시간대에 단추 크기가 크고 끼

우기 쉬운 옷을 아이의 책상 위에 준비해 둡니다. 그리고 아이에게 단추 끼우는 방법을 천천히 보여 주고 책상 위에서 단추 끼우는 연습을 하도록 합니다.

이렇게 부모는 자녀가 서툴거나 어려워하는 활동을 부분적으로 천천히 반복해서 혼자 스스로 할 수 있도록 도와줘야 합니다. 이렇게 몸으로 익혀 나가는 것을 몬테소리 교육에서는 '곤란성의 독립화'라고 합니다. 용어가 살짝 어렵긴 하지만 부모가 자녀의 동작이나 활동하는 모습을 세심하게 관찰하는 힘을 기르면 집에서도 얼마든지 활용할 수 있는 기술입니다. 이런 주변 활동이 하나씩 가능해지는 것이 초등학교 입학 전까지의 준비 과정입니다. '아이가 혼자서도 잘할 수 있도록 돕는다.'라는 말을 항상 마음에 새기고 따스한 시선으로 아이를 바라봐 주세요.

❸ 주변을 배려할 수 있게 됩니다(4세~)

자기 자신에 대한 배려가 가능해야 비로소 아이는 이 세상에 나 혼자만 있는 것이 아니라는 사실에 눈을 뜨게 됩니다. 4세 무렵부터 그렇습니다. 그 이전까지의 아이들은 자기중심적이고, 자기중심적인 것이 당연하다고 여깁니다. 주변을 배려한다는 것은 다음과 같은 의미입니다.

(1) 동물과 식물을 돌본다.

(2) 식사 준비를 하고 정리한다.

(3) 청소를 돕는다.

(4) 차나 음료수를 대접한다.

아이는 세상에 자신 이외에도 다른 사람과 생물이 존재한다는 것을 인식하고 그 환경에 자신이 관여하고 변화를 줄 수 있다는 사실을 경험합니다. 또한, 다른 사람을 도와주고 감사 인사를 받는 등 자신이 사회에 도움을 줄 수 있다는 데서 자기유용감을 느끼게 되는데, 이는 미래에 자기긍정감의 토대가 됩니다.

❹ 예의 바르게 행동할 수 있게 됩니다(4세 중반~)

아이가 일상생활 연습을 통해서 운동 조절에 섬세함이 더해지고 자기 자신과 주변을 배려할 수 있게 되면 자신이 생활하는 공동체의 규칙과 지켜야 할 예절을 익힙니다. 또한, 자신을 적절하게 표현하고 예의 바르게 행동할 수 있게 됩니다.

예절의 시작은 인사입니다. 세계에는 나라별로 다양한 인사법이 존재합니다. 아이들은 태어난 지역의 인사말을 배울 뿐만 아니라 어떤 경우와 타이밍에 인사를 건네면 좋을지를 터득합니다. 또한, 다른 사람을 생각하는 배려의 마음이 싹트고 사회와 도덕을 배우는 것도 이 시기입니다. 공공장소에서나 대중교통을 이용할 때 어떻게 행동해야 하는지, 어떤 상황에서 큰 소리를 내면 안 되는지 등 다양한 사회 규칙을 배우고 익힙니다.

어른의 모든 행동은 아이들에게 본보기가 됩니다. 아이들은 어른을 보고 따라 배우는 모방의 천재입니다. 그렇기에 부모는 반드시 이 민감한 시기에 적절하고 예의 바른 행동을 자녀에게 보여 줘야 합니다.

운동 민감기

• 0~3세까지는 자신의 신체를 마음껏 움직이는 것이 목적이다.

목적 : 몸 움직이기

서기, 걷기, 잡기, 쥐기, 당기기, 찌르기, 넣기, 통과하기

• 3~6세는 지금까지의 동작을 일상생활에 활용하는 것이 목적이다.

목적 : 일상생활 연습하기

지금까지의 동작을 조합해서 자기 인생의 주인공이 된다.

일상생활 연습은 다음의 네 가지로 나뉜다.

❶ 운동 조절을 할 수 있게 된다.
❷ 자기 자신을 배려할 수 있게 된다.
❸ 주변을 배려할 수 있게 된다.
❹ 예의 바르게 행동할 수 있게 된다.

| 홈메이드 몬테소리 교육 |

- ☐ 3세 이후로는 일상생활 연습을 통해 성장한다.
- ☐ 자기 인생의 주인공으로 살아갈 것인지, 수동적인 삶을 살 것인지의 큰 갈림길에 서 있는 시기이다.
- ☐ 자녀를 보는 부모의 관찰력이 매우 중요하다.
- ☐ 자신이 사회에 도움이 되는 것을 알고 자기유용감을 느끼는 시기이다.

홈메이드 몬테소리 활동 : 운동 조절

생각을 몸으로 표현할 줄 아는 아이

접기, 자르기, 붙이기, 꿰매기, 묶기 등은 도구를 사용하고 가공하여 자신을 표현하는 데 필요한 운동 동작입니다. 초등학교 입학 전까지 이런 동작을 능숙하게 익혀 두면 평생 사용하게 될 풍부한 표현력을 갖출 수 있습니다. 어떻게 하고 싶은지, 어떻게 생각하는지 등 자신이 느낀 것을 언어 이외의 방법으로 잘 표현할 수 있다는 건 정말 멋진 일입니다. 여기서는 운동 민감기에 집에서 간단하게 할 수 있는 홈메이드 몬테소리 활동들을 소개합니다.

❶ 접기(3세~)

● 종이접기

평면인 종이로 입체를 만든다는 것은 기하학을 배우는 소중한 밑거름이 되기도 합니다. 다만 종이접기는 첫 단계부터 순서에 맞춰

잘 접는 것이 중요합니다. 그러지 않으면 종이접기 책에 나온 예시처럼 완성할 수 없습니다. 꼼꼼하게 잘 접어서 완성했을 때의 기쁨과 성취감을 맛볼 수 있도록 첫 번째 단계부터 어떻게 접어야 하는지 잘 가르쳐 줘야 합니다.

제일 처음에는 색종이에 사인펜으로 접는 선을 표시해 주세요. “이 선에 잘 맞춰서 접는 거야”, “색종이의 끝과 끝을, 모서리와 모서리를 잘 맞춰야 해.”라고 설명해 주며 접는 방법을 아이에게 천천히 보여 줍니다. 그런 다음 색종이를 다시 펼쳐서 아이에게 건네줍니다. 이미 한 번 접었던 종이라서 아이가 쉽게 따라 접을 수 있을 것입니다. 그다음부터는 아이가 처음부터 혼자 접도록 합니다. 아이가 접었던 색종이 몇 장은 펼쳐서 다른 날 다시 사용합니다.

● **빨래 개기(3세~)**

아이들은 색종이처럼 판판한 것을 접기 어려워합니다. 대신에 손수건이나 욕실 타올 등 부드러운 것은 비교적 다루기 쉬우니 아이와 함께 빨래를 개면서 두 번 접기, 네 번 접기 등을 놀이처럼 즐겁게 익힐 수 있도록 합니다.

● **분해하기(4세~)**

접기도 중요하지만 종이 상자를 분해해 보는 것도 아이에게는 좋은 경험입니다. 구조를 이해할 수 있어서 나중에 전개도를 배우는 데 큰 도움이 됩니다. 분해하고 싶다는 충동은 어떤 구조로 되어 있는지 알고 싶다는 호기심의 표출입니다. 5세 이후에는 상자뿐만 아니라 집에서 필요 없어진 가전제품을 드라이버로 함께 분해해 보는 것도 좋습니다. 자녀에게 매우 소중한 경험이 될 것입니다.

● 도구와 소재를 세트로 준비하기(3세~)

색종이, 스케치북, 도화지, 크레파스, 가위, 풀, 스카치테이프, 공예 도구 등을 세트로 준비해서 책상 옆에 두고 아이가 자유롭게 제작에 몰두할 수 있는 환경을 마련해 주세요.

❷ 자르기

가위로 종이를 자르거나 오리는 활동은 눈과 손을 연동해서 움직이는 연습에 매우 효과적입니다. 이때 어떤 가위를 선택하느냐가 매우 중요한 포인트인데, 자녀의 손에 맞는 크기와 기능, 무게를 따져보고 세심하게 선택해야 합니다. 몬테소리 교육에서 아이들을 위한 도구를 준비할 때 특히 주의를 기울이는 부분은 '실물' 도구를 선택하는 것입니다. 크기가 작더라도 잘 잘리고, 아이가 자신의 힘으로 편하게 가위질을 잘할 수 있는 것으로 선택해 주세요.

● 자르고 오리기(3세~)

필요 없어진 엽서를 1cm 폭으로 자릅니다. 사진과 같이 사인펜으로 선을 긋고 이 선에 맞춰서 엽서를 한 번에 자르도록 합니다. 이때 주의해야 할 점은 아이들이 보통 가위 끝을 보는 경우가 많기 때문

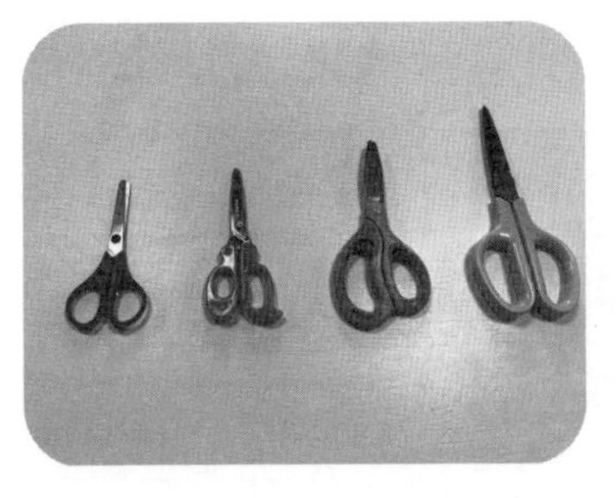

✤ 손에 잘 맞는 가위로 재밌게 놀자!

에 가위를 벌렸을 때 가위의 양 칼날이 만나는 지점에 시선을 두도록 지도해야 합니다. 아이가 엽서를 한 번에 자를 수 있게 되면 다음 단계인 연속 가위질로 넘어갑니다.

❸ 붙이기

● 풀 붙이기(3세~)

풀 붙이기 활동을 할 때는 물풀을 추천합니다. 아이는 이 활동으로 '손에 묻힌다 → 바른다 → 붙인다'의 과정을 익힐 수 있습니다. 손가락에 적당량의 풀을 묻히는 것은 의외로 아이들에게 어려운 작업입니다. 물수건을 준비하고 아이가 혼자 손을 닦을 수 있도록 지도해 주세요. 요즘은 부모들이 유아용 물티슈로 그때그때 손을 자주 닦아 줘서 그런지 교사에게도 닦아 달라며 자연스럽게 손을 내미는 아이들이 많습니다. 그러나 손이 더러워지면 스스로 닦을 줄 아는 습관을 길러 줘

야 합니다. 한편으로 아이들에게는 청결만큼이나 끈적이는 촉감을 느껴 보는 것도 중요하니 이런 활동을 통해서 경험할 수 있도록 해 주세요.

● **스카치테이프 붙이기(3세~)**

부모님이 먼저 스카치테이프의 올바른 사용법을 시범으로 보여 주세요. 이때 스카치테이프는 바닥에 두고 사용할 수 있는 제품을 추천합니다. 아이들은 두 가지 행동을 동시에 하는 것이 서툽니다. 한 손으로 스카치테이프를 들고 다른 손으로 테이프를 끊는 동작은 아이들에게 매우 어렵습니다. 바닥에 두고 사용하는 제품은 적당한 길이로 스카치테이프를 잡아당겨서 칼날 부분에 대고 아래로 힘을 가하면 쉽게 자를 수 있습니다. 한 손으로 스카치테이프를 들고 있을 필요가 없도록 적당히 무거우면서도 안정된 지지대가 있는 제품으로 선택하는 것이 좋습니다.

● **스티커 붙이기(3세~)**

스티커 붙이기는 아이들이 좋아하는 활동 중 하나입니다. 활동 준비물은 다음과 같습니다.

- 색깔 스티커(같은 색, 같은 크기를 하나씩 잘라서 몇 개의 접시에 담아

준비합니다.)

- 스티커를 붙이는 도화지(아이의 수준에 맞추어 여러 종류를 만듭니다.)
- 쓰레기 접시(스티커를 떼어 낸 뒷면 종이를 놓습니다.)

스티커를 조심스럽게 떼어 내어 도화지 그림의 선에 맞추어 붙이는 활동을 통해 아이들은 손가락을 섬세하게 움직이는 방법을 배우고 집중력을 기를 수 있습니다. 자녀가 점점 잘 붙이게 되면 작은 스티커를 붙이는 장수를 늘리거나 다양한 크기의 스티커를 섞어 두고 스스로 크기를 선택해서 붙일 수 있도록 하는 등 단계를 높여 나갑니다.

❹ 꿰매기(4세~)

최근에는 옷을 직접 수선할 일이 많이 없어서 단추를 달지 못하는 어른도 많습니다. 하지만 이 연령의 아이들에게 꿰매기 활동은 매우 매력적인 작업으로 몬테소리 유치원에서도 인기가 많은 편입니다. 자립심이 싹트고 스스로 도구를 신중하게 다룰 수 있게 되면 직접 해 보도록 해 주세요. 준비물은 다음과 같습니다.

- 바늘(두꺼운 바늘을 1개 준비합니다.)
- 바늘꽂이(바늘을 다 사용하고 나면 반드시 바늘꽂이에 꽂아 두는 습관을

들입니다.)

- 자수 색실(4색 정도를 준비해서 아이가 스스로 좋아하는 색을 선택하도록 합니다.)
- 두꺼운 종이(13×18cm 정도 되는 두꺼운 스케치북 종이에 사인펜으로 간단한 그림을 그리고 그림을 따라 짝수 개의 점을 찍습니다. 점이 짝수여야 뒷면부터 시작해 뒷면에서 마무리를 지을 수 있어 완성품이 깨끗합니다.)
- 송곳(반드시 뚜껑이 있는 것을 준비합니다.)
- 가위(작은 크기로 준비합니다.)
- 스카치테이프(마지막 고정에 사용합니다. 바느질이 익숙해지면 매듭을 지어서 마무리해도 좋습니다.)

우선, 간단한 그림을 그린 두꺼운 종이를 코르크판 위에 대고 점으로 표시한 부분에 송곳으로 구멍을 뚫습니다. 아이가 좋아하는 색깔의 실을 고르면 부모가 바늘에 직접 끼워 주고 실 끝을 매듭짓는 것까지 도와줍니다. 실을 꿴 바늘로 부모가 먼저 뒷면에서 앞면으로 바늘을 통과시켜 바느질하는 시범을 보입니다. 아이가 바느질을 마치고 나면 스카치테이프나 매듭으로 실을 고정합니다.

주의! 가위, 바늘 등 위험한 물건을 다루는 활동을 할 때는 책상이나 작업대를 벽면을 향해서 놔 주세요. 아이가 앉은 자리의 건너편과 주로 사용하는 손의 방향으로 다른 형제가 다가오지 못하도록 조심해야 합니다. 또한, 뒤에서 갑자기 말을 걸지 않도록 각별히 주의해 주세요.

❺ 묶기와 매기(4세~), 뜨개질(5세~)

밧줄, 끈 등을 묶거나 매는 것은 사람이 살아가는 데 필요한 매우 중요한 능력입니다. 처음에는 두껍고 짧은 끈으로 한쪽 매기와 한쪽 묶기부터 연습합니다. 이때 끈은 되도록 많이 준비해 주세요. 여러 번 같은 활동을 반복하면 점점 숙달이 되기 때문입니다. 우선은 '묶기'와 '매기'만 반복하고 '풀기'는 다음 단계에 연습하는 것이 좋습니다.

5세가 되면 뜨개질에도 도전해 봅니다. 완성하는 데 몇 주나 걸리는 대작에 도전하는 아이도 있습니다. 집중력과 지구력을 키우는 데에는 이만큼 효과적인 활동이 없습니다. 핀란드에서는 뜨개질이 남녀를 불문하고 매우 인기가 높다고 합니다.

접기, 자르기, 붙이기, 꿰매기, 묶기 등 기본적인 활동은 앞으로 펼쳐질 미래에 자신을 지키기 위해서도 매우 중요한 능력입니다. 이런 활동은 손가락을 마음껏 움직이고 싶어 하는 운동 민감기에 즐겁고 신나게, 그리고 여러 번 반복해서 익히는 것이 가장 좋습니다. 눈과 손의 협업이 필요한 활동들은 아이의 두뇌를 최대로 활성화시킵니다.

같은 활동을 반복하면 뇌가 발달하는 이유는?

풀이 무성하던 들판도 사람이나 동물이 같은 곳을 여러 번 지나다니면 그 부분의 땅이 발로 밟히고 다져져서 단단해지고 결국에는 길이 만들어집니다. 우리 아이들의 뇌도 마찬가지입니다. 뇌의 신경 네트워크에서 자주 사용하는 회선은 두껍고 튼튼해지는 데 반해 사용하지 않는 회선은 자연스럽게 도태됩니다. 반복적인 활동은 전기 신호가 뇌의 신경세포를 몇만 번이나 지나가게 만들어 자주 지나다닌 곳, 자주 사용하는 회선을 두껍고 튼튼하게 하고 두뇌를 발달시킵니다.

Point!

| 홈메이드 몬테소리 교육 |

- ☐ 접기, 자르기, 붙이기, 꿰매기, 묶기 등 아이가 풍부한 신체 활동을 경험해 보도록 한다.
- ☐ 도구나 소재는 아이가 자유롭게 선택할 수 있도록 책상에 세트로 준비한다.
- ☐ 손가락을 반복적으로 사용하면 두뇌가 발달한다.

홈메이드 몬테소리 활동 : 자기 배려

자신의 일은 스스로 할 줄 아는 아이

자기 삶의 주인공으로 살 것인가, 아니면 부모의 지시만 기다리는 수동적인 인생을 살 것인가? 어떤 인생을 살지는 자신의 일을 스스로 결정할 수 있느냐 없느냐에 달려 있습니다. 일단 아침에 일어나서 자녀의 활동을 관찰하고 하나씩 분석하는 것부터 시작해 봅시다.

자녀를 관찰할 때는 관찰 노트를 작성하는 것을 추천하고 싶습니다. 관찰 노트는 자유롭게 작성해도 좋지만 제 방식을 소개하자면 노트에 세로로 선을 그어서 두 개의 영역을 만들어 사용합니다. 왼쪽에는 번호를 매기며 관찰한 내용을 적고 오른쪽에는 환경적으로 개선해야 할 점이나 부모로서 깨달은 점 등을 적습니다. 이 부분은 여러분이 부모로서 레벨 업을 하는 데 필요한 과제가 될 것입니다. 참고로 몬테소리 교사는 이러한 관찰 방법을 철저하게 훈련합니다. 다음은 아침에 일어나 등원하기 전까지의 행동을 관찰한 예시입니다.

(1) 아침에 혼자 눈을 뜨고 이부자리에서 일어난다.

(2) 세수를 한다.

(3) 식사를 한다.

(4) 이를 닦는다.

(5) 볼일을 본다.

(6) 옷을 갈아입는다.

(7) 가방을 멘다.

(8) 신발을 신는다.

각각의 행동을 관찰하고 분석한 후에 자녀가 어디까지 혼자 할 수 있는지, 어느 부분에서 어려워하는지, 환경을 바꾸면 가능할지, 방법을 알려 주면 잘할 수 있을지 생각해 봅니다. 가령 세수하기 단계에서 세면대 앞에 발판이 있어 스스로 올라갈 수 있는지, 수도꼭지를 혼자 틀고 잠글 수 있는지, 얼굴을 닦는 수건이 손에 닿는 곳에 있는지 등 환경을 재점검할 필요가 있습니다.

어느 가정이든 아침 시간은 분주하고 바쁩니다. '그렇게 여유 부릴 시간이 없어요.'라고 생각할 수도 있습니다. 맞는 말씀입니다. 그래서 부모인 우리는 자녀가 조금씩 스스로 할 수 있도록 천천히 준비해 나갈 필요가 있는 것입니다. 일주일에 단 한 가지라도 좋습니다. '이번 주는 혼자 신발 신는 연습을 해 보자!'라는 과제를 하나 정한 다음, 매일 저녁 편안한 시간대에 아이와 함께 연습해 보세요. 분주하고 바쁜 아침 시간에 가르치려면 잔소리와 짜증만 폭발해 아이도 부모도 힘들기만 합니다. 그보다는 여유로운 시간에 놀이처럼 즐기면서 아이가 여러 번 반복해서 연습할 수 있도록 해 주세요. 역할 놀이를 하듯이 부모와 아이가 즐기면서 연습하는 것이 무엇보다 중요합니다.

일주일에 한 가지씩이라도 1년이면 아이는 50가지의 일을 혼자 할 수 있게 됩니다. 전혀 서두를 필요가 없습니다. 초등학교에 입학할 무렵이면 아이는 기본적인 준비를 혼자서 거의 다 할 수 있게 될 것입니다. 솔직히 부모가 대신 준비해 주는 것에 비하면 아이 혼자 준비하는 시간은 상대적으로 더 길 수밖에 없습니다. 하지만 이 모든 것은 아이가 자기 인생의 주인공이 되어 가는 과정입니다. 처음에는 다소 시간이 걸리더라도 아이가 한 가지 일을 혼자 할 수 있게 될 때마다 삶의 주인공이 될 준비를 차곡차곡 해 나가고 있다는 점을 떠올리며 인내심을 갖고 열심히 노력해 봅시다.

● 거울 보는 습관 들이기(3세~)

자신을 객관적으로 볼 수 있는 행위의 대표적인 사례가 바로 '거울 보기'입니다. 3세가 지나면 아이가 자신의 전신을 볼 수 있는 눈높이에 전용 거울을 달아 주세요. 어른이 보는 거울은 높은 곳에 달려 있어 아이의 시선에서는 얼굴밖에 비치지 않는 경우가 많기 때문입니다. 예를 들어 콧물이 나왔을 때, 3세 이상의 아이라면 부모가 아무 말 없이 코를 닦아 주는 행동은 별로 도움이 되지 않습니다. 아이에게 "우리 잠깐 거울 좀 보고 올까?"라고 말하고 거울 앞으로 데려가서 아이가 스스로 콧물이 나온 모습을 발견하고 닦을 수 있도록 지도해 주세요.

● 옷 갈아입기(3세~)

외관상 예쁘고 깔끔해 보이는 것도 중요하지만 이 시기의 아이들은 혼자 입고 벗을 수 있는 복장인지 아닌지를 기준으로 옷을 선택합니다. 고리나 벨트, 단추 등 아이가 입고 벗을 때 다소 불편해하거나 어려워하는 부분이 없는지 잘 관찰해 주세요. 예를 들어 단추 끼우기가 서툰 경우에는 아이가 옷을 입은 상태에서 연습하지 않고 큰 단추가 달린 옷을 책상 위에 놓고 따로 연습합니다. 이것이 몬테소리 교육에서 말하는 '곤란성의 독립화'입니다.

또한, 5세가 지나면 전날 밤에 다음 날 유치원에 입고 갈 옷을 고르거나 준비물을 미리 준비하는 습관을 들이는 것이 바람직합니다. 처음에는 양자택일로 부모가 "둘 중에 어떤 옷을 입을까?"라고 아이에게 묻고 선택하게 한 후 책상 위에 준비해 둡니다. 이렇게 하는 것만으로도 다음 날 아침 등원 준비가 훨씬 수월합니다. 양자택일로 아이가 무엇이든지 직접 선택하는 행동은 훗날 자기 삶의 주인공이 되는 자립의 첫걸음입니다.

● 선 따라 걷기(3세~)

운동 민감기의 아이들은 담장 위나 도로변의 돌담 위에 올라가서 걷는 것을 좋아하고 즐깁니다. 이런 동작을 통해서 더 잘 걸을 수 있도록 열심히 연습하는 것입니다. 그리고 3세가 지나면 자신의 에너지를 스스로 통제하는 방법을 터득합니다. 이것이 '자율성'의 시작입니다. 이때 가장 효과적인 활동으로 '선 따라 걷기'가 있습니다.

폭 2.5~5cm 정도 되는 하얀색 비닐 테이프를 준비해서 마룻바닥에 깔끔하게 붙이는 것만으로 모든 준비는 끝입니다. 길이는 최소

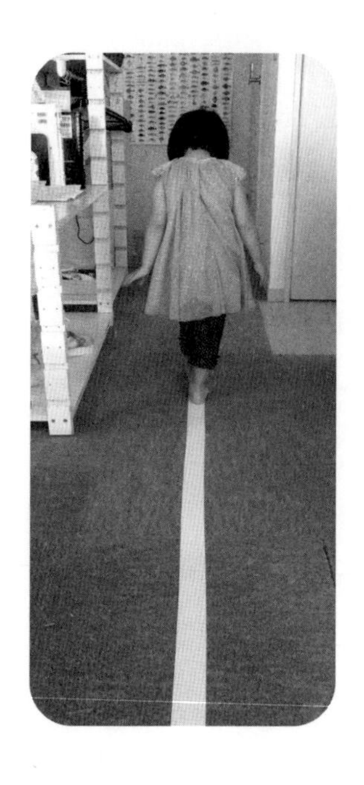

5m 정도가 좋습니다. 일단 부모가 먼저 선을 따라서 걷는 시범을 보여 줍니다. 이때 신중하게 임하는 자세를 아이에게 보여 주는 것이 중요합니다. 연령에 따라 선 위를 수월하게 걸을 수 있게 되면 손에 깃발을 들거나 머리 위에 콩주머니를 올려 두고 걷는 등 난이도를 높여 보세요. 아이가 이 활동에 더욱 집중할 수 있게 됩니다.

선을 따라 걷는 활동과 90페이지에서 소개할 '정숙 연습'은 몬테소리 유치원에서도 가장 중요하게 생각하는 활동입니다. 진정한 자유를 손에 얻으려면 자기 자신부터 통제할 줄 알아야 하기 때문입니다. 아이가 자기 삶의 주인공이 되기 위한 중요한 첫걸음은 '자율'에 있습니다.

| 홈메이드 몬테소리 교육 |

- ☐ 자녀 관찰 노트를 만들자.
- ☐ 일주일에 한 가지씩 아이가 혼자 할 수 있는 일을 늘리자.
- ☐ 연습은 역할 놀이처럼 즐기면서 하자.
- ☐ 거울 보기를 통해서 자신을 객관적으로 바라보는 관점을 기를 수 있다.

홈메이드 몬테소리 활동 : 주변 배려

주변을 배려하고 도와줄 수 있는 아이

아이들은 자신의 일을 스스로 할 수 있게 되어야 비로소 주변 환경과 다른 사람을 배려할 수 있습니다. 이것이 운동 민감기의 '주변에 대한 배려'입니다. 다른 사람에게 도움을 주는 데서 기쁨을 얻고 자신이 사회에 도움이 된다는 것을 느끼며 자기유용감의 싹을 틔우는 것입니다. 자신이 사회에 도움이 되고 필요하다고 느낄 수 있는 체험의 대표적인 사례가 '도와주기'와 '심부름하기'입니다. 아이가 다른 사람에게 도움을 주고 싶어 하는 민감기에는 아이들의 마음속에 싹트는 선한 감정과 도와주고자 하는 강한 충동을 소중하게 키워 줘야 합니다.

● 음료수나 물 따르기(3세~)

아이들은 물이나 음료수를 따르는 활동을 무척 좋아합니다. 그런데 갑자기 큰 우유 팩부터 잡고 따르려면 실수로 흘리기 마련입니다. 이때 엎질렀다며 꾸짖기보다는 아이와 함께 다음과 같은 순서에 따라 차근차근 단계를 높여 가며 연습해 봅시다.

(1) 알맹이 크기가 큰 콩을 숟가락이나 다른 도구를 이용해서 옮겨 봅니다. 엎지르거나 떨어뜨려도 문제없을 만큼의 양만 준비해 주세요.
(2) 알맹이 크기가 작은 쌀을 숟가락이나 다른 도구를 이용해서 옮겨 봅니다.
(3) 액체류를 따르는 단계로 넘어갑니다.

액체류를 따르기 어려운 이유는 적당량만 채우고 멈추지 않으면 흘러넘치기 때문입니다. 아이들은 이 연습을 통해서 자신을 통제하는 '자율의 힘'을 기를 수 있습니다. 사진 속의 교구는 '물감 따르기'라는 것으로 집에서도 간단하게 만들 수 있습니다. 여기서 주의해야 할 점은 세 가지입니다.

(1) 아이가 혼자 잡을 수 있는 크기와 무게의 용기인지 확인해 주세요.
(2) 엎질러도 괜찮을 정도로 소량의 액체만 담을 수 있는 안정적인 컵을 준비해 주세요.

(3) 어디까지 따라야 하는지 선으로 표시해 주세요.

이 단계의 연습을 계속하다 보면 아이는 혼자 힘으로 음료수나 우유 등을 따라서 가족에게 나누어 줄 수 있게 됩니다. 아이는 이 활동을 통해 가족이나 상대방에게 고맙다는 말을 들으면서 큰 기쁨과 행복감을 느끼게 됩니다.

● **창문 닦기**(3세~)

분무기로 창문에 물을 뿌리고 깨끗하게 닦는 활동입니다. 이 역시 몬테소리 유치원에서 무척 인기가 많은 활동입니다. 아이의 손 크기에 맞는 분무기로 준비해 주세요.

주의! 창문 이외의 다른 것에는 절대로 물을 분사하지 않도록 지도해 주세요. 물놀이로 변질되기 전에 활동을 끝마쳐야 합니다.

● **물건 나르기(3세~)**

아이들은 혼자 걸을 수 있게 되면 물건을 들고 균형을 잡으면서 걷고 싶어 합니다. 적당한 크기의 바구니나 가방을 준비해서 장보기를 도와달라고 부탁해 보세요. 장바구니가 무거우면 무거울수록 오히려 의욕을 보이는 운동 민감기이기 때문에 흔쾌히 도와줄 것입니다. 또한, 적당한 크기의 전용 쟁반을 준비해서 식사 준비를 도와달라고 부탁하는 것도 좋습니다. 이때 양쪽에 손잡이가 있는 쟁반을 사용하면 아이가 쟁반을 자신의 배에 붙여서 안정적으로 잘 잡을 수 있습니다.

● **야채 자르기(4세~)**

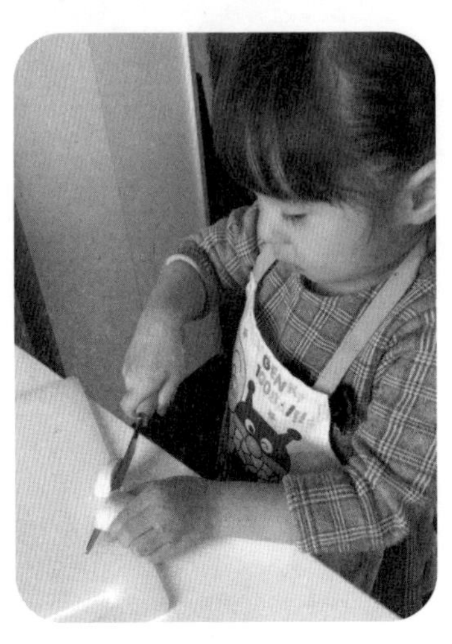

칼을 사용하는 활동도 몬테소리 유치원에서는 매우 인기 있는 활동입니다. "아이에게 칼을 쥐게 하는 건 너무 위험하지 않나요?"라고 생각할 수도 있습니다. 하지만 잘 갖춰진 환경에서 올바른 사용법을 정확하게 가르쳐 주면 아이들은 위험한 도구도 능숙하게 사용할 수 있습니다. 또한, 누군가를 도와줄 수 있다는 생각에 자신이 '사회에 도움을 줄 수 있는 사람'이라고 느낍니다. 이 활동의 준비물은 다음과 같습니다.

- 칼(실제로 자를 수 있지만 끝이 뾰족하지 않은 것. 아이에게 맞는 크기로 준비합니다.)
- 칼집(다른 사람에 대한 배려입니다.)
- 도마(미끄러지지 않는 안전한 것으로 준비합니다.)
- 작은 행주(칼이나 도마를 닦는 용도입니다.)
- 자를 대상물(오이, 사각 소시지 등 가늘고 긴 것으로 준비합니다.)
- 작은 접시(자른 것을 담는 용도입니다.)
- 이쑤시개(자른 대상물을 접시에 담고 이쑤시개를 꽂아서 냅니다.)
- 조미료(소금통이나 마요네즈 등을 준비합니다.)

부모가 집에서 요리를 하는 모습은 아이들에게 동경의 대상입니다. 자녀의 성장에 맞추어 아이가 도와줄 수 있는 것들을 하나씩 부탁해 보세요. 아이 전용 조리 도구를 조금씩 늘려 나가면 아이가 할 수 있는 일들이 점점 더 많아집니다.

● 연필 깎기(5세~)

아이들은 연필깎이의 손잡이를 돌리는 동작을 무척 좋아합니다. 손잡이를 돌리면 연필이 뾰족하게 깎이고 연필밥이 아래로 떨어지는 구조가 흥미롭기 때문입니다. 하지만 이 연령의 아이들에게 한 손으로 연필깎이를 잡고 다른 한 손으로 손잡이를 돌리는 동작은

◀ 책상에 단단히 고정한 연필깎이.

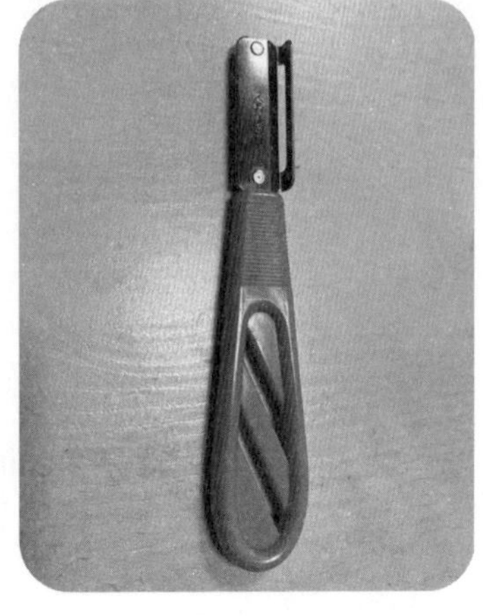

▶ 안전 가드가 달린 연필깎이 칼.

다소 어렵습니다. 아이들은 두 가지 작업을 동시에 하는 것이 서투르므로 연필깎이를 책상에 고정해 주세요. 이렇게 하면 아이는 손잡이를 돌리는 동작에만 집중할 수 있습니다.

혼자 연필을 깎는 활동은 초등학교 입학을 준비하는 첫걸음이 됩니다. 5세가 지나면 문구용 칼로 연필을 깎는 활동에도 도전해 보도

Point!

| 홈메이드 몬테소리 교육 |

- ☐ 도와주기 활동을 통해서 아이는 자신이 사회에 도움이 된다고 느낀다.
- ☐ 운동 민감기에는 무엇이든지 들고 옮기고 싶어 한다.
- ☐ 주방용 칼, 문구용 칼 등 위험한 물건을 스스로 통제하는 활동은 자율성을 길러 준다.

록 해 주세요. 대부분 칼은 아이들에게 위험하다고 생각하기 마련인데, 위험하기에 오히려 올바른 사용법을 가르쳐 줄 필요가 있습니다. 칼로 연필을 깎을 때 힘을 조절하는 경험은 '자율'의 마지막 종착역이라고 할 수 있습니다. 안전 가드가 달린 연필깎이 칼도 있으니 사용해 보는 것을 권합니다.

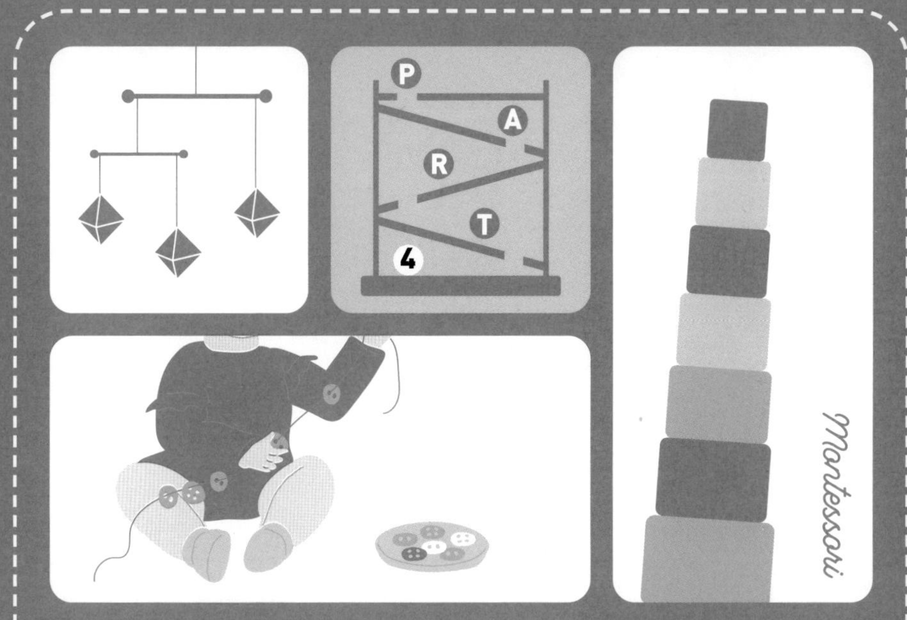

'몸으로 느끼고 이해하고 싶어요!' 감각 민감기

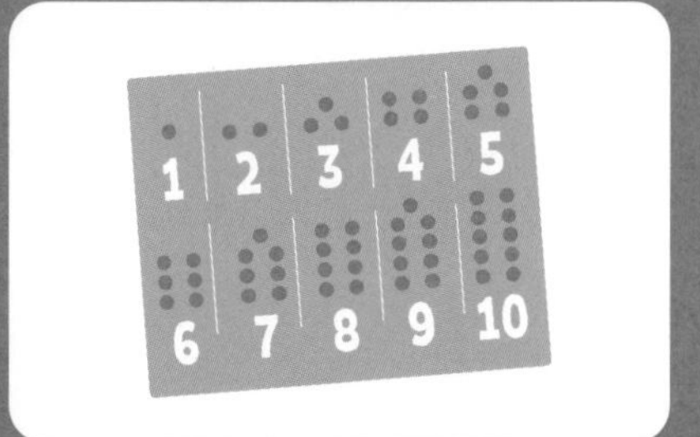

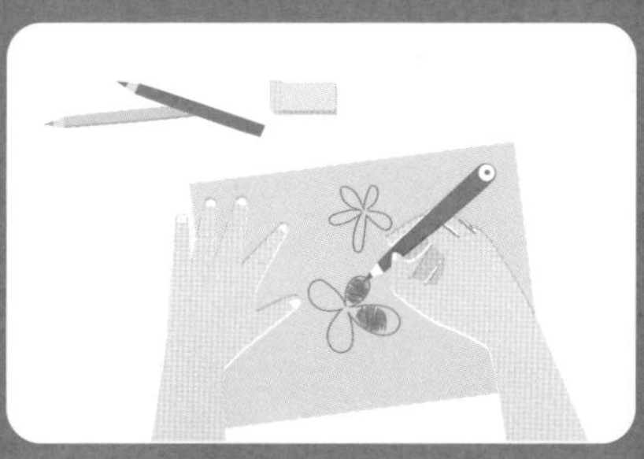

오감 활용하기

온몸으로 세상을 느끼는 아이

마리아 몬테소리는 3세를 '지성의 경계선'이라고 칭하고 이를 경계로 아이들이 새로운 시기로 진입한다고 말했습니다. 바로 '감각 민감기'가 찾아오는 것입니다. 3세부터 감각이 싹트는 자녀의 모습을 절대로 놓치지 않길 바랍니다.

영유아기 전기(0~3세)의 아이들은 보고 듣고 만지며 얻게 되는 모든 정보와 인상을 마치 카메라로 찍듯이 무의식적으로 흡수합니다. 그렇게 흡수한 양은 어마어마해서 마치 거대한 양동이에 물을 마구 퍼 담는 것과 같습니다. 이때 흡수한 정보들은 그 상태 그대로 보존됩니다.

그런데 3세가 지나면 아이들은 이렇게 흡수한 막대한 양의 정보를 의식적으로 정확하게 정리하여 이해하고 싶은 강한 충동에 사로잡힙니다. 이때 정리에 필요한 것이 바로 '오감(시각, 청각, 촉각, 후각, 미각)'입니다. 즉, '감각 민감기'가 찾아오는 것입니다. '명확하고, 선명하고, 깔끔하게 이해해서 정리하고 싶다.'라는 것이 포인트입니다.

부모라면 자녀의 이러한 변화를 놓치지 않고 잘 관찰하고 있다가 오감을 갈고닦을 수 있는 환경을 조성해 줘야 합니다. 잘 갈고닦은 오감은 아이가 풍요로운 인생을 살아가게 하는 평생의 친구가 되고, 앞으로 펼쳐질 불확실한 세상을 살아가는 데 큰 무기가 됩니다.

아무리 발달한 인공지능AI이라도 인간의 오감을 가질 수는 없습니다. 미국의 인지심리학자인 게리 클라인Gary A. Klein 박사는 "오감을 통해서 외부로부터 정보를 수집하고 직관과 시뮬레이션을 구사하여 의사 결정을 내리는 것은 인간이기에 가능하다."라고 단언했습니다.

감각 민감기가 찾아온 아이들은 마치 신이 내 준 숙제를 푸는 것처럼 행동합니다. '지금 너는 촉각이 발달하고 있으니 가능하면 많은 것들을 손으로 만져 보거라', '지금 너는 무엇이든지 냄새를 맡아 보고 후각을 갈고닦아라', '민감기가 끝나기 전에 오감을 더 많이 사용해서 세상을 느껴 보거라.'라는 신의 목소리를 듣는 것처럼 말입니다. '몬테소리 교육' 하면 감각 교육이라고 일컬어질 정도로 몬테소리만큼 오감을 각각 독립적으로 활용할 수 있도록 구성한 교육 프로그램은 없습니다. 이러한 교육은 몬테소리가 유일합니다.

논리적인 사고의 3단계 성장 스텝

마리아 몬테소리는 "인간 지성의 본질은 구별에 있다."라고 말했습니다. 자신의 주변에 존재하는 다양한 것들 속에서 같은 성질은 모으고 다른 성질은 서로 구별하는 능력이야말로 사물을 논리적으로 생각하는 힘의 근원입니다. 그리고 이런 구별에 총동원되는 도구가 바로 오감입니다. 논리적인 사고는 다음의 3단계를 거쳐 성장합니다.

❶ 제1단계 '동일성'

감각 민감기가 찾아왔다는 것을 알려 주는 가장 첫 번째 신호는 '똑같다~!'입니다. 3세 전후로 아이가 같은 색과 같은 모양 등 '동일성'에 관심을 보이고 집착하기 시작했다면 감각 민감기가 찾아왔다는 뜻입니다. 아이를 자세히 관찰해 보면 "엄마랑 아빠가 똑같이 빨간색~"이라고 말하거나 같은 모양의 장난감을 예쁘게 정렬하는 등의 행동을 보일 것입니다.

❷ 제2단계 '비교'

그다음 단계로 '비교'가 시작됩니다. 아이가 높이, 크기, 무게, 소리 등의 정도를 비교하고 약간의 차이에도 민감하게 반응하기 시작합니다. 캐릭터 장난감을 키 순서대로 나열하거나 물건을 양손으로 들어 보고 무게를 비교하는 등의 행동을 보인다면 제2단계인 '비교'에 진입한 것입니다.

❸ 제3단계 '분류'

아이가 사물을 비교하고 그 차이를 발견할 수 있게 되면 그다음에는 제3단계인 '분류'로 들어갑니다. 공원 같은 곳에 아이와 함께 외출하면 아무거나 주운 대로 주머니에 넣어 오는 경우가 있습니다. 그러면 부모는 "더러우니까 하지 마, 몇 번을 말해야 알아들어?"라고 혼을 내기도 하는데 아이가 이와 같은 행동을 반복하더라도 기간을 나눠서 잘 관찰해 보세요. 자녀가 주워 오는 내용물이 서서히 달라지는 것을 발견할 수 있을 것입니다. 처음에는 주머니에 아무거나 넣어 왔던 아이가 도토리만 주워서 오거나 오른쪽 주머니에는 동그란 도토리를, 왼쪽 주머니에는 길쭉한 도토리를 '분류'해서 넣어 오는 등 진화해 나갈 것입니다.

❀ 같은 것을 나열하는 활동.

동일성을 발견하고 비교하고 분류하는 행동. 이는 성인이 일상생활에서 활용하는 논리적인 사고와 같습니다. 그리고 이러한 사고의 도구가 바로 '오감'입니다. 가장 중요한 것은 아이에게 감각 민감기가 찾아왔다는 사실을 부모가 인지하는 것입니다. 그 사실을 인지했다면 자녀가 현재 어떤 오감을 사용하고 있는지 의식적으로 흥미롭게 지켜봐 주세요.

Point!

| 홈메이드 몬테소리 교육 |

- ☐ 논리적인 사고의 성장 제1단계 '동일성'
- ☐ 논리적인 사고의 성장 제2단계 '비교'
- ☐ 논리적인 사고의 성장 제3단계 '분류'

Column 2

자녀의 미래를 통찰하는 교육

몬테소리 교육에서 가장 유명한 교구 중 하나로 '분홍 탑pink tower'이라는 것이 있습니다. 감각 민감기가 찾아온 아이들의 특성을 정확하게 반영한 우수한 교구입니다. 분홍 탑의 블록들은 분홍색의 정육면체로 색깔과 모양은 같지만 크기가 다릅니다. 감각 민감기의 아이들은 자신의 힘으로 블록을 비교하며 '점점 커진다.' 혹은 '점점 작아진다.'라는 규칙에 맞게 블록을 쌓으면서 큰 기쁨과 성취감을 맛봅니다.

분홍 탑에서 가장 작은 정육면체 블록은 $1cm^3$, 가장 큰 정육면체 블록은 $1000cm^3$로, 1리터에 해당합니다. 나중에 하게 될 숫자 교육에서 비즈를 만지면서 익히는 1대 1000 활동과 같은 원리로 만들어졌습니다. 물론 아이들은 그런 원리가 숨어 있는 줄도 모르고 열심히 활동에 집중합니다. 이처럼 몬테소리 교육은 일회성으로 끝나는 경험에 머무르지 않습니다. 다음 단계와 사슬처럼 연결되어서 아이들에게 유용한 체험과 사고의 발달, 성장까지 고려합니다. 이를 몬테소리 교육에서는 '갈고리의 원리'라고 부릅니다.

홈메이드 몬테소리 활동 : 오감 발달

감각 표현의 3단계 성장 스텝

3세 이후의 아이들은 감각으로 받아들인 것을 말로 표현한다는 특징이 있습니다. 따라서 부모는 다음의 3단계를 알고 있어야 합니다.

❶ 제1단계 '개념을 말로 전달하기'

예를 들어 아이가 큰 공을 들고 서 있을 때 "크다~", "엄청 크네~", "큰 공이네~"라고 반복해서 말해 줍니다. 다른 종류의 큰 물건이 있다면 이때도 '크다'라는 단어를 사용해서 전달합니다. 단어를 반복해서 말하면 '크다'라는 단어와 개념이 아이의 머릿속에 자리 잡게 됩니다.

❷ 제2단계 '비교하기'

그다음 단계로 두 가지 물건을 비교하면서 단어를 전달해 주세요. 비교할 때는 같은 종류의 물건을 사용합니다. 가령 크기의 개념을 전달하고자 할 때, 큰 무와 작은 당근처럼 서로 다른 사물을 비교하면 어떻게 될까요? 아이는 무엇을 비교해야 할지 혼란에 빠지고 맙니다. 같은 종류의 물건으로 크기만 다른 것을 비교하는 것이 포인트입니다. 이때 부모가 다소 과장된 억양을 사용하면 더 효과적입니다.

형태 비교의 다섯 가지 요소

크다 — 작다
길다 — 짧다
두껍다 — 가늘다
높다 — 낮다
어둡다 — 밝다

❸ 제3단계 '비교급과 최상급 표현하기'

아이가 두 가지 물건을 비교해서 말로 표현할 수 있게 되면 대상물을 3개, 4개로 늘려서 비교해 보세요. 규칙에 맞게 나열하고 손가락으로 가리키면서 "점점 커지네~!" 혹은 "점점 작아지네~!"라고 말해 주며 단어 표현을 익힐 수 있도록 합니다. "이거랑 저거 중에 어떤 게 더 클까?(비교급 질문)", "이 중에 어떤 게 제일 클까? 이 중에 가장 작은 것을 줄래?(최상급 질문)" 등의 표현으로 점차 발전시켜 나갑니다.

어떤가요? 갈수록 깊이가 더해지고 단계가 높아지죠? 이처럼 몬

✽ 훌륭한 교구가 되는 마트료시카.

테소리 교구는 형태만 해도 다섯 가지 요소(크기, 길이, 두께, 높이, 밝기)로 나누어 요소별로 깊이 고민하고 생각할 수 있도록 만들어졌습니다. 이러한 교구를 다루는 몬테소리 교사는 공부와 준비를 게을리하지 않습니다. 하지만 전문 교구가 없다고 해서 걱정하지 마세요. 부모가 자녀를 바라보고 관찰하는 정확한 관점만 갖추고 있다면 집에서도 얼마든지 가능합니다.

시각

오감 중에서도 '시각'은 뇌에 가장 많은 정보를 보냅니다. 모든 감각 정보의 약 70%가 눈을 통해서 들어옵니다. 시각을 집중해서 사용하면 아이의 뇌가 활성화되고, 정보를 이해하면서 정리하고 기억할 수 있습니다. 그중에서도 형태와 색깔을 판단하는 능력이 가장 먼저 발달합니다.

시각 정보에서 가장 중요한 '색깔'을 익히기 위해 몬테소리 유치원에서는 '색깔판'이라는 전문 교구로 활동을 진행하며 집에서도 비슷한 활동이 가능합니다. 색종이를 활용한 '색깔 조합' 활동은 반으로 자른 색종이를 같은 색끼리 맞추며 색깔을 익히는 활동입니다. 우선, 반으로 자른 색종이 여러 장을 방 안 여기저기에 놓습니다. 그 다음 부모가 하나를 보여 주며 "이거랑 같은 색깔의 카드를 찾아보자!"라고 말한 뒤 아이가 색종이의 색깔을 기억해서 같은 색의 반쪽을 집어 오도록 합니다. 이렇게 놀이처럼 즐기며 활동하면 아이의 워킹 메모리까지도 단련할 수 있습니다.

❶ 제1단계 '3원색'

색의 3원색인 빨간색, 파란색, 노란색을 익힙니다.

❷ 제2단계 '11색'

3원색과 검은색 혹은 흰색을 섞어서 만들 수 있는 11가지 색깔(빨간색, 파란색, 노란색, 주황색, 초록색, 보라색, 갈색, 분홍색, 회색, 검은색, 흰색)을 익힙니다. 아이에게 각 색깔의 이름도 알려 줍니다.

❸ 제3단계 '명암'

같은 초록색이라도 어두운 초록색과 밝은 초록색이 있다는 것을 알려 줍니다.

자녀가 다양한 색깔에 흥미를 보이기 시작하고 색의 이름을 말할 수 있게 되면 크레파스나 색연필도 12색에서 24색으로 업그레이드해 주세요. 간혹 어른들 중에는 '색깔 같은 건 잘 몰라도 살아가는 데 아무런 지장이 없다.'라고 말하는 사람도 있습니다. 하지만 같은 녹색이라도 '연두색', '초록색', '녹갈색' 등을 다양하게 구별해서 사용할 줄 아는 편이 훨씬 더 풍요로운 인생이지 않을까요?

촉각

갓난아이는 돌이 될 때까지 무엇이든 입으로 가져가 탐색하면서 부모를 무척 곤란하게 만듭니다. 이는 입안의 감각이 제일 민감한 시기이기 때문입니다. 그러나 3세가 지나면 이런 행동은 대부분 사라집니다. 눈의 '시각'과 손의 '촉각'이 발달하기 때문입니다. 이때부터 부모는 자녀가 다양한 것을 손으로 만지고 그 감각을 말로 표현할 수 있도록 도와줘야 합니다.

● 촉각 찾기(3세~)

감각 민감기의 아이들을 관찰해 보면 다양한 것을 여러 번 자신의 손으로 직접 만지거나 쓰다듬으며 촉감을 확인하는 행동을 자주 보입니다. 이때 아이를 관찰하며 적당한 타이밍에 "까슬까슬하네~", "맨들맨들하네~", "부드럽네~"라고 말해 줍니다.

처음에는 아이가 살짝 당황해할 수도 있으나, "자, 우리 까슬까슬한 것을 찾으러 가 볼까?"라고 말하며 함께 주변을 탐색해 보세요. 까슬까슬한 것을 발견하면 아이와 함께 손으로 만지거나 쓰다듬어 보고 "까슬까슬하네~"라고 말해 주며 촉감을 즐깁니다. 이런 식으로 몇 가지 종류의 물건을 만져 보면 아이는 '까슬까슬하다'라는 표현과 촉감을 연결할 수 있게 됩니다.

아이가 일상에서 무엇이든지 만져 보려는 행동을 보인다면 촉각 민감기가 찾아왔다는 증거입니다. 가게에서 파는 물건이나 위험한 물건이 아니라면 충분히 만져 볼 수 있도록 해 주세요.

● 무게 놀이(3세~)

촉각으로 얻을 수 있는 정보에는 '무겁다, 가볍다'도 있습니다. 내용물이 보이지 않는 같은 크기의 비닐봉지에 무게가 다른 사물을 넣고 아이가 번갈아 들어 보게 하면서 "무겁네~" 혹은 "가볍네~"하고 말해 줍니다. 아이가 단어 표현에 익숙해지면 "어느 쪽이 더 무거워?"라고 물어 봅니다. 비닐봉지의 개수를 늘려서 가장 무거운 비닐봉지를 찾는 즐거운 놀이로 활용할 수도 있습니다.

● 비밀 주머니 놀이(3세~)

비밀 주머니 놀이 역시 몬테소리 유치원에서 인기가 많은 활동으로, 아이가 직접 만들도록 하면 좋습니다. 먼저 똑같이 생긴 주머니 두 개를 준비합니다. 주머니 안에는 각각 자녀가 흥미를 느낄 만한 것이면서 손으로 만져도 안전한 것을 넣습니다. 이때 물건은 10종류 이하가 좋습니다.

(1) 아이가 주머니 안에서 좋아하는 것을 한 개 꺼내어 책상 위에 올려놓게 합니다. 이때 주머니 안을 보지 않고 촉각으로 찾게 하는 것이 포인트입니다.
(2) "자, 그럼 이제 엄마(아빠)가 똑같은 것을 꺼내 볼게!"라고 말하고 주머니 안으로 손을 넣어 손의 감각으로만 같은 것을 찾아 꺼냅니다. 아이에게 "이것 봐, 어때? 똑같지?"라고 말해 주며 책상 위에 나란히 놓습니다.

(3) 이번에는 부모가 먼저 주머니에서 새로운 사물을 골라 책상 위에 올려놓습니다.

(4) "똑같은 걸 안 보고 꺼내 볼 수 있을까?"라며 아이와 교대로 활동을 이어 나갑니다.

이 활동의 포인트는 내용물을 보지 않고 손의 감각에만 의존해서 똑같은 것을 찾아내는 것입니다. 시각을 차단하고 촉각에만 집중할 수 있도록 하기 위함입니다. 몬테소리 유치원에서는 눈가리개를 사용합니다. 정보량이 가장 많은 시각을 차단하고 시각 이외의 감각을 두드러지게 하는 것이 목적입니다. 이를 몬테소리 교육에서는 '감각의 독립화'라고 합니다.

청각

아이들의 청각은 어른보다 몇십 배나 민감합니다. 헬리콥터가 날아가는 소리를 어른보다 훨씬 더 빨리 알아차리거나 청소기의 큰 소음에 귀를 막는 것도 그 때문입니다. 일생에 한 번밖에 찾아오지 않는 자녀의 소중한 '청각 민감기'를 위해 몇 가지 활동을 소개합니다.

● 절대 음감 놀이(3세~)

절대 음감은 2~6세에 적절한 훈련을 받지 않으면 익힐 수 없다고 합니다. 이 시기에 인간의 청력이 급격하게 발달하는데, 그 이유는 바로 민감기와 겹치기 때문입니다. 전문적인 훈련까지는 받지 않더라도 피아노처럼 같은 음정을 낼 수 있는 악기가 있다면 아이에게 단음을 들려 주는 것이 좋습니다. 높은음과 낮은음을 비교하는 활동도 할 수 있습니다. 음감 놀이의 발전형으로는 '도레미파솔라시도' 카드를 준비하고 음을 들려 주어 그 음을 카드로 맞춰 보는 놀이가 있는데, 이러한 활동은 집에서도 간단하게 할 수 있습니다. 영유아기에 익힌 음감은 평생 남으니 아이가 이 시기에 놀이처럼 즐겁게 음감을 익힐 수 있다면 좋지 않을까요?

● 정숙 연습(4세~)

몬테소리 유치원의 중요한 활동 중에는 '정숙 연습'이라는 것이 있습니다. 사실 3~6세의 아이들은 한시도 가만히 있지 못하고 주변을 기웃거리거나 뛰어다니며 큰 소리를 내는 것이 특징입니다. 그래서 일정 시간 동안 조용히 앉아 있거나 소리를 내지 않으려면 '자신을 통제할 줄 아는 에너지'가 필요합니다.

정숙 연습을 할 때 아이들은 조용히 자리에 앉아 소리를 내지 않거나 작은 목소리로 말해야 합니다. 1분 동안 눈을 감아 시각을 차단하고(감각의 독립화) 소리를 내지 않으면 지금까지 들리지 않았던 다양한 소리가 들리기 시작합니다. 창밖에서 지저귀는 새소리, 바람 소리, 먼 곳을 지나가는 자동차 소리 등 여러 가지 소리에 아이들이 귀를 기울여 보도록 지도합니다. 1분 정도가 지나면 조용히 눈을 뜨게 하고 어떤 소리가 들렸는지에 대해서 작은 목소리로 이야기를 나누어 봅니다.

이렇게 만들어 낸 정숙은 어른의 지시에 따른 것이 아니라 아이가 자신의 의지로 얻은 것입니다. 마리아 몬테소리는 진정한 자유를 손에 넣으려면 자기 자신부터 통제할 줄 알아야 한다고 생각했습니다. 집에서도 TV를 끄고 정숙 연습을 꼭 한번 시도해 보길 바랍니다. 이때 주의해야 할 점은 진지하게 임해야 한다는 것입니다. 부모도 평소와 다르게 정숙한 태도를 보여 주는 것이 중요한 포인트입니다.

미각

신생아는 고령자의 2~3배에 달하는 미뢰味蕾를 갖고 있다고 합니다. 이런 풍부한 미뢰를 발달시켜 다섯 가지 미각(단맛, 신맛, 짠맛, 쓴맛, 감칠맛)을 키워 가는 것이 바로 이 시기입니다. 식생활 교육을 할 때는 영양 섭취의 중요성과 먹는 즐거움을 알려 주는 것 외에도 먹는 행위의 위험성을 감지할 수 있도록 해야 합니다. 예를 들어 신맛이 나는 것은 상했을 가능성이 있고, 쓴맛이 나는 것은 해로운 물질이 들었을 가능성이 있다고 판단할 수 있어야 합니다.

사실 미각은 어린이집이나 유치원보다는 집에서 길러 주는 것이 훨씬 더 중요합니다. 매일 식사 시간에 "이 귤은 시네~", "이 과자는 달다~"처럼 즐거운 대화로 아이에게 풍부한 미각을 길러 주세요. 또한, 다양한 먹을거리로 각기 다른 미각을 체험할 수 있도록 합니다. 물론 편식이 심하거나 같은 음식만 고집하는 아이도 있을 것입니다. 부모 입장에서 생각하면 걱정스러운 부분이겠지만 영양 균형상 심각한 수준이 아니라면 억지로 먹일 필요는 없습니다. 먹는 즐거움이 우선시되어야 합니다. 이제 막 시작한 인생입니다. 앞으로 여러 가지 음식을 맛볼 기회는 얼마든지 있습니다.

후각

후각도 미각과 마찬가지로 신변의 위협을 감지한다는 측면에서 중요한 감각입니다. 부모가 다양한 물건을 손으로 집어 향기나 냄새를 맡는 모습을 아이에게 보여 주세요. 직접 코 근처에 사물을 갖다 대고 향기나 냄새를 확인하는 습관은 매우 중요합니다. 정원의 꽃이나 허브 등에서 나는 다양한 향기를 즐겨 보게 해 주세요.

최근에는 세탁할 때 섬유유연제를 사용하는 가정이 늘고 있는데 이런 종류의 향기는 어른들에게는 기분이 좋을지 몰라도 아이들의 후각에는 강한 자극을 줍니다. 무향 제품을 사용하거나 사용량에

Point!

| 홈메이드 몬테소리 교육 |

- ☐ 감각 표현은 3단계로 익힌다.
- ☐ 지금 우리 아이가 어떤 감각을 사용하고 있는지 부모가 인지하고 있어야 한다.
- ☐ 후각, 미각은 집에서 익힐 수 있는 계기를 마련하는 것이 가장 중요하다.

주의를 기울이는 것이 좋습니다.

어떤 감각 활동이든 부모가 즐겁게 본보기를 보여 주면 좋습니다. 감각이 잘 발달한 아이는 보다 풍요로운 삶을 살 수 있게 될 것입니다. 무엇보다 부모가 '우리 아이는 감각 민감기에 있고 지금은 시각/촉각/청각/미각/후각 중 어떤 것을 사용하고 있다.'라고 인지할 수 있어야 합니다. 또한, 그런 감각을 아이가 적절한 말로 표현하고 개념을 올바르게 이해할 수 있도록 도와주는 것이 홈메이드 몬테소리의 역할입니다.

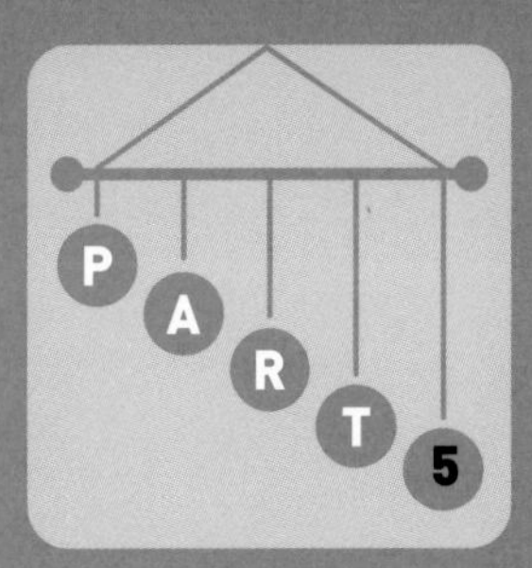

'이건 뭘까? 너무 궁금해요!' 언어 민감기 ①

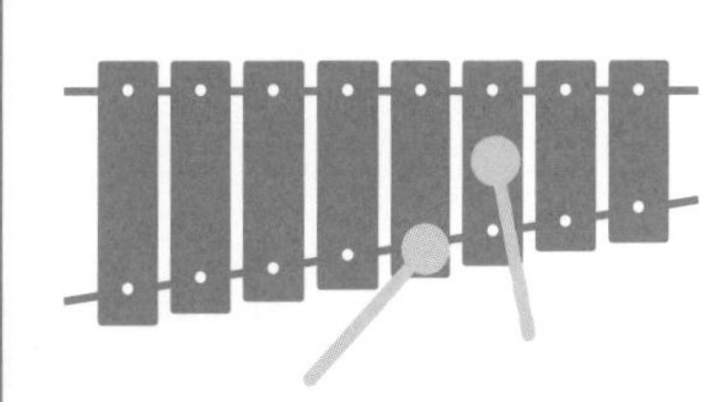

글자를 쓰고 읽기

보고 느낀 것을 정확한 언어로 표현하는 아이

언어 민감기는 뱃속에서 부모의 목소리를 듣고 있을 때부터 시작됩니다. 0~3세의 영유아기 전기에는 무의식적 기억을 통해 귀로 들은 단어를 스펀지처럼 흡수합니다. 그리고 3세가 지나면 차고 넘치게 들었던 단어가 봇물 터지듯이 폭발하는 '언어 폭발기'가 찾아옵니다.

아이는 지금까지 봐 왔던 사물에 모두 명칭이 있다는 사실에 깜짝 놀랍니다. 여기에 감각 민감기까지 함께 찾아옵니다. 그러면서 아이는 3세부터 그동안 흡수하고 축적했던 정보를 명확하고, 선명하고, 깔끔하게 명칭을 붙여 정리하고 싶다는 강한 충동에 사로잡히게 됩니다. 그래서 언어 폭발기의 아이들은 "이게 뭐야?"라는 말을 입에 달고 삽니다. 시끄럽고 귀찮을 정도로 "이게 뭐야?"라고 묻는 아이의 행동에는 이런 배경이 있는 것입니다.

매일 육아와 집안일에 쫓기다 보면 바쁘고 피곤해서 때로는 "이게 뭐야?"라는 자녀의 질문이 성가시게 느껴질 수도 있습니다. 하지만 아이가 이렇게 흥미를 갖는 순간은 매우 중요합니다. 이 순간에 정착된 단어는 평생 죽을 때까지 사라지지 않기 때문입니다. 힘들겠지만 이런 기회는 두 번 다시 오지 않으니 이 시기에 아이가 어휘를 폭발적으로 늘릴 수 있도록 반드시 도와주어야 합니다. 먼 훗날 수험생활을 하며 주입식으로 얻는 기억과 흥미를 느끼고 즐겁게 익혀서 평생 잊지 않는 기억 중 어느 쪽이 더 아이에게 좋을지를 생각해 보면 답은 명확합니다.

아이가 어느 정도 사물의 명칭을 익히고 나면 그다음 단계로 형용사나 문법을 익혀 나갑니다. 그러면 오감으로 느낀 '크다, 작다', '길다, 짧다', '무겁다, 가볍다' 등을 형용사로 구사할 수 있게 됩니다. '크고 무거운 검은색 점토'처럼 사물을 보고 느낀 점을 말로 표현할 수 있게 되는 것입니다. 이러한 능력은 그야말로 자기 삶의 주인공이 되기 위한 토대라고 할 수 있습니다.

쓰기 민감기

말하기가 활발해지는 것과 비슷한 시기에 글자를 쓰고자 하는 강한 충동이 생겨납니다. 대개 쓰기보다 읽기 민감기가 먼저 찾아올 것이라고 예상하지만 이 시기에는 운동 민감기가 함께 찾아오기 때문에 아이들은 손을 자유롭게 움직이는 쓰기에 강한 매력을 느낍니다.

어린이집이나 유치원에서는 3세 무렵의 아이들 사이에서 유행하는 놀이가 있습니다. 바로 '편지 쓰기'입니다. 자녀를 잘 관찰해 보면 친구가 편지를 써 줬다며 기뻐하는 때가 찾아올 것입니다. 아이 몰래 편지 안을 들여다보면 아무렇게나 쓴 알 수 없는 암호뿐이지만 말이죠. 편지를 받은 아이 역시 친구에게 답장을 한다며 알아보기 힘든 암호 편지를 쓸 것입니다. 이런 행동은 손을 움직여서 무언가를 쓰고 싶은 쓰기 민감기의 표출입니다.

"우리 아이가 빨리 연필로 글씨를 쓸 수 있으면 좋겠어요. 그래야 나중에 공부도 잘하죠." 하고 바라는 부모님도 많습니다. 그렇지만 연필로 글자를 쓰는 동작은 손가락이 잘 성장해야 가능합니다. 아이가 어느 날 갑자기 연필을 쥐고 글자를 쓰는 일은 일어나지 않습니다. 운동 민감기에 다양한 손가락 활동을 경험해야 가능한 것입니다.

운동 민감기의 대표적인 활동인 '구멍에 이쑤시개 집어넣기', '바늘로 꿰매기', '빨래집게 벌리기', '핀셋 쥐기' 등을 통해서 특히 엄지와 검지, 중지를 자유자재로 움직일 수 있도록 도와줘야 합니다. 이 세 손가락을

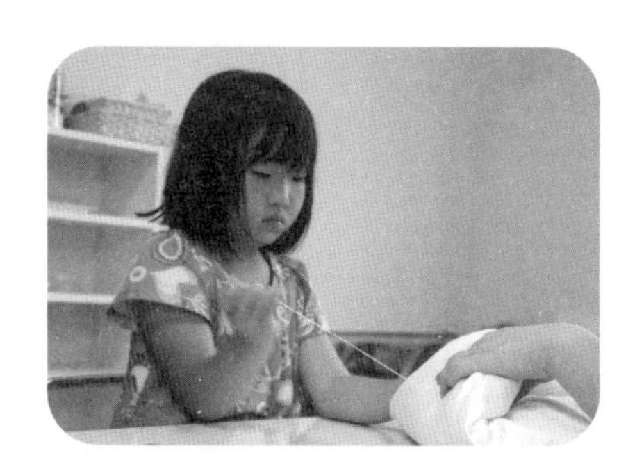

자유자재로 움직일 수 있으면 연필뿐만 아니라 젓가락도 잘 사용할 수 있게 됩니다. 바로 이것이 마리아 몬테소리의 스몰 스텝스 이론이 의미하는 바입니다.

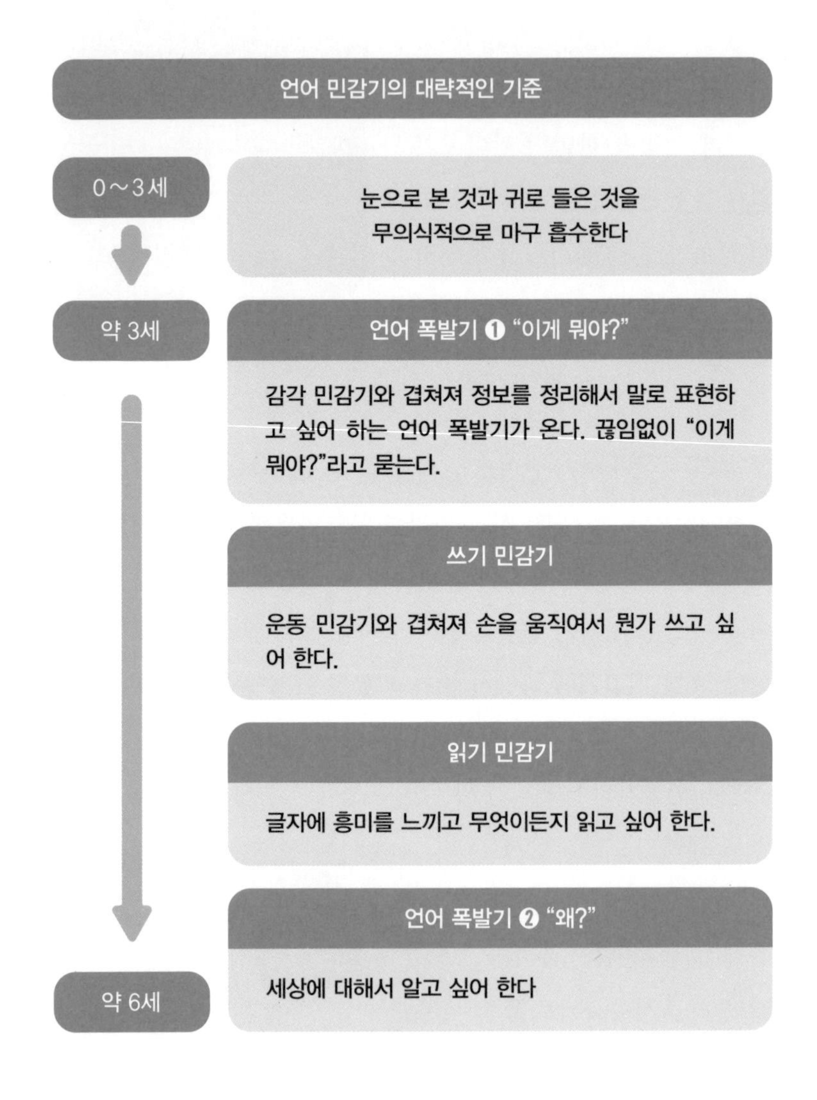

읽기 민감기

4세 무렵부터 아이들은 글자를 읽고 싶다는 강한 욕구를 갖게 됩니다. 읽기 민감기가 찾아왔을 때 부모가 이를 놓치지 않는 것이 매우 중요합니다. 그러려면 미리 글자를 읽을 수 있는 환경을 마련해 두는 것이 좋습니다. 간단하면서도 적극적으로 추천하는 방법은 집 안 곳곳에 다양한 글자 카드를 붙여 두는 것입니다.

'한글 자모음판', '알파벳 글자판', '세계 지도', '한국 지도', '동물 분류표' 등 무엇이든지 좋으니 일단 벽에 붙여 둡니다. 민감기가 아직 찾아오지 않은 아이라면 그 앞

Point!

| 홈메이드 몬테소리 교육 |

- ☐ 언어 민감기와 감각 민감기는 같이 찾아온다.
- ☐ 언어 민감기는 듣기 → 말하기 → 쓰기 → 읽기 순으로 온다.
- ☐ 무엇이든 좋으니 벽에 아이가 읽을 수 있는 것을 붙여 놓자. 벽에 붙여 두는 것만으로도 자녀에게 읽기 민감기가 찾아왔는지 아닌지를 알 수 있다.

을 그냥 지나칠 것입니다. 그러나 읽기 민감기가 찾아온 아이는 글자 카드를 한참 동안 쳐다보거나 손가락으로 가리키며 다양한 말을 뱉어 내기 시작할 것입니다. 이를테면 "내 이름에 있는 '도'!"라는 식으로 말입니다.

아이가 이런 행동을 보인다면 읽기 능력을 발전시킬 수 있는 절호의 기회가 찾아온 것입니다. 하지만 반대로 읽기 민감기가 아직 찾아오지 않은 아이를 글자판 앞에 끌어다 앉혀 놓고 가르치는 것은 금물입니다. 글자를 읽기 싫어하는 아이로 자랄 수도 있습니다. '조기 교육'과 '적기 교육'의 차이가 바로 여기에 있습니다.

홈메이드 몬테소리 활동 : 쓰기

'쓰기'를 위한 2가지 준비 활동

글자는 갑자기 쓸 수 있는 것이 아닙니다. '쓰기'를 하기 위해서는 두 가지 조건이 전제되어야 합니다. '글자를 아는 것'과 '손을 조작할 줄 아는 것'입니다.

먼저, 글자를 쓰려면 일단 글자의 존재를 알아야 합니다. 이는 읽기와도 직결되는 문제인데, 글자에는 각각 형태와 소리가 있다는 것을 인지하고 그 두 가지를 일치시키는 작업이 시작입니다.

● 한글의 자음과 모음 알기(3세~)

한글의 자음 14개와 모음 10개가 각각 적혀 있는 교구를 준비합니다. 처음에는 자음을 하나씩 소리 내어 읽는 연습을 합니다. 'ㄱ'은 '그', 'ㄴ'은 '느'처럼 자음의 이름이 아닌 소리를 익히는 것입니다. 'ㄱ'부터 'ㅎ'까지 자음 14개를 모두 읽을 수 있도록 연습합니다. 그

다음에는 'ㅏ', 'ㅑ' 'ㅓ', 'ㅕ' 등 모음 10개를 연습합니다. 이런 활동을 통해서 아이는 글자를 외우는 것이 아니라 한 글자씩 독립적으로 읽는 단계로 올라갈 수 있습니다. 각각의 자모음이 어떤 소리가 나는지 체험한 것이 향후 글자를 쓸 때 소리에 맞는 글자를 선택하는 속도에도 큰 영향을 미치므로 이 활동은 매일 반복해서 꾸준히 하는 것이 좋습니다.

글자를 쓰기 위해서는 글자뿐만 아니라 손을 자유롭게 조작하는 법도 알아야 합니다. 특히 엄지와 검지, 중지를 자유자재로 움직일 수 있도록 많은 연습이 필요합니다.

● 일상생활 속에서 세 손가락을 의식적으로 사용하기(2세~)

빨래집게 벌리기, 작은 콩을 손가락으로 집기, 핀셋 쥐기, 팽이 돌리기, 바늘로 꿰매기 등의 모든 활동이 일상생활 속의 연습입니다. 이런 활동은 손가락을 움직이는 방법을 습득하게 하고 최종적으로 연필을 쥐고 글자를 쓰기 위한 밑거름이 됩니다. 손가락을 움직이고 싶은 운동 민감기와 무엇이든지 만지고 싶은 감각 민감기가 큰 도움이 됩니다.

마리아 몬테소리는 엄지와 검지, 중지가 손에 달린 뇌와 같다고 말했습니다. 즉, 세 손가락으로 물건을 조작함으로써 인간은 사고할 수 있다는 의미입니다. 손가락을 움직이고 있을 때 인간의 뇌가 활성화된다는 것은 뇌과학적으로도 입증된 사실입니다. 다양한 민감기가 찾아오는 이 시기에 손가락을 많이 움직이는 활동을 하면 명석한 두뇌를 만들 수 있습니다.

글씨를 바르게 쓸 줄 아는 아이

두 가지 준비가 끝났다면 드디어 실전 글자 쓰기에 들어갑니다.

● 모래 글자 따라 쓰기(4세~)

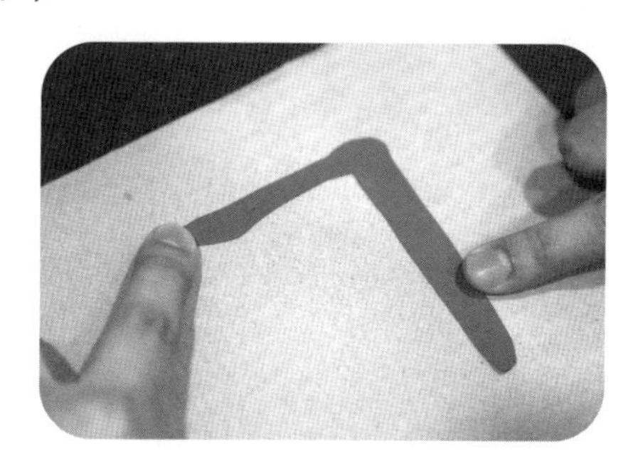

아이에게 대뜸 필기구부터 쥐여 주기 전에 우선 손가락 쓰기부터 시작합니다. 몬테소리 유치원에서는 글자 쓰기의 대표적인 교구로 '모래 글자'라는 것이 있습니다. 매끈한 판에 글자 부분만 모래처럼 까슬까슬한 질감으로 되어 있어 아이가 손가락으로 까슬까슬한 부분을 따라 만져 보면서 글자를 덧쓸 수 있습니다. 이는 까슬까슬한 감촉을 손가락으로 느끼고 싶어하는 감각 민감기를 활용한 우수한 교구입니다. 모래 글자를 집에서 준비하기는 어려울 수 있지만 그 원리는 간단하게 응용할 수 있습니다. 집에서 부모가 커다란 글자판을 손가락으로 천천히 따라서 쓰는 모습을 보여 줍니다. 그런 다음 아이가 천천히 따라서 써 볼 수 있도록 유도하면 올바른 글자 쓰기 순서를 익힐 수 있습니다.

● 필기구 준비

연필은 필압이 세야 잘 써지므로 일단 처음에는 쓰기 쉬운 수성 사인펜을 사용합니다. 필압이 약한 아이라도 어려움 없이 글자를 쓸 수 있습니다. 필압이 세지면 손가락으로 쥐는 부분이 두툼하고 삼각형인 연필을 준비합니다.

● **덧쓰기(4세~)**

글자 연습용 종이 위에 트레이싱지를 깔고 사인펜으로 덧쓰는 활동입니다. 이 활동을 통해 아이는 글씨를 예쁘게 썼다는 뿌듯함을 느낄 수 있습니다. 사진과 같은 클립보드에 자기 이름을 쓴 종이를 끼우고 그 위에 트레이싱지를 깔아 덧쓰기를 연습합니다. 이 활동에 익숙해진 아이는 엄마와 아빠, 친구들의 이름을 써서 선물하기도 할 것입니다.

주의! 컴퓨터로 글자 연습용 복사물을 출력할 때는 '바탕체'와 같은 가장 기본적인 서체를 선택해 주세요.

Point!

| 홈메이드 몬테소리 교육 |

- ☐ 쓰기를 본격적으로 시작하기 전에 먼저 글자를 알고, 손가락을 조작할 줄 알아야 한다.
- ☐ 엄지, 검지, 중지는 손에 달린 뇌와도 같다.
- ☐ 글자를 처음 쓰기 시작할 때는 수성 사인펜으로 덧쓰기를 연습한다.

홈메이드 몬테소리 활동 : 읽기

정확한 어휘와 문법을 사용하는 아이

아이가 글자를 읽을 수 있게 되면 대부분의 부모는 아이를 공부 모드로 돌입시키려고 합니다. 그런데 0~6세의 아이들은 움직이면서 배우는 것이 기본입니다. 손가락을 움직이면서 읽기도 습득할 수 있도록 해 주세요.

● 사물의 명칭 알기(한글을 깨친 이후~)

준비물

- 흰색 메모지 여러 장(폭 3cm가량)
- 연필, 사인펜
- 가위
- 스카치테이프

우선 3cm 폭의 흰색 메모지를 적당한 길이로 자릅니다. 방 안에 있는 사물의 명칭을 한 글자씩 천천히, 소리 내지 않고 써서 아이에게 보여 줍니다. 이 시기의 아이에게는 글자를 쓰는 행위를 보는 것도 중요합니다. 그래서 집에서 엄마나 아빠가 글자를 쓰면 넋을 놓고 지켜볼 것입니다. 글자를 다 쓰면 메모지에 스카치테이프를 붙여서 "이게 어디에 있는지 가서 붙여 줄래?"라고 아이에게 부탁합니다. 그러면 아이는 아주 재미있어하며 메모지를 붙이러 갈 것입니다. 그렇게 집안 전체가 메모지로 가득 찰 무렵, 아이는 거의 모든 사물의 명칭을 알게 될 것입니다. 민감기 아이의 능력은 참으로 경이롭습니다.

● **문법 익히기(5세~)**

'어린아이에게 벌써 문법을?!'이라고 생각할지도 모르지만 0~6세 사이에 아이들은 모국어를 거의 완벽히 습득합니다. 그야말로 언어 민감기의 눈부신 업적이 아닐 수 없습니다. '사물의 명칭 알기' 활동과 마찬가지로 이번 활동에서도 메모지를 준비합니다. 그리고 이번에는 명칭에 말을 덧붙입니다.

예를 들어 메모지에 '하얀 종이'라고 쓰고 아이가

읽어 보도록 합니다. 만약 아이가 곧잘 읽으면 '하얀'과 '종이' 사이를 가위로 자릅니다. 아마도 아이는 깜짝 놀라서 눈이 휘둥그레질 것입니다. 이렇게 자른 메모지는 일부러 순서를 바꿔 다시 읽게 합니다. 아이가 바뀐 순서대로 '종이 하얀'이라고 읽으면 "이상하네~"라고 말해 준 뒤 크게 웃으며 메모지를 원래 순서대로 돌려놓습니다. 그리고 스카치 테이프로 잘린 부분을 붙이면서 "아~ '하얀 종이'가 맞는 거구나~"라고 말해 주며 다시 한번 웃습니다.

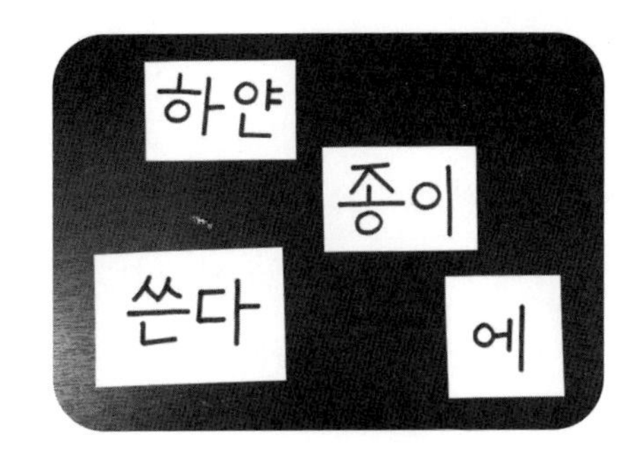

이런 식으로 다양한 조합을 여러 번 반복하면 아이는 '명사를 꾸며 주는 말은 대부분 명사 앞에 붙는다.'라는 문법을 몸으로 습득할 수 있습니다. 문법이 학습으로 느껴지기 전에 손을 움직이면서 즐겁게 익힐 수 있는 훌륭한 활동입니다. 이번에는 '하얀 종이에 쓴다'라고 메모지에 적고 '하얀', '종이', '에', '쓴다'로 잘라 흩트려 놓습니다. 아이가 스스로 생각하면서 원래 문장으로 바르게 나열할 수 있도록 지도합니다. 머리로 암기하는 문법이 아니라 순서가 틀리면 '어? 뭔가 이상한데?'라고 느낄 수 있는 '살아 있는 문법'을 익혀 나가는 과정입니다.

● 잰말 놀이(5세~)

읽기와 병행해서 아이의 말하기 능력도 점차 좋아집니다. 입 주변의 근육을 왕성하게 움직일 수 있게 되기 때문에 이 시기에 가장 좋은 활동은 '잰말 놀이'입니다. '간장 공장 공장장', '안 촉촉한 초코칩 촉촉한 초코칩', '철수 책상 철 책상' 등 잰말 놀이를 메모지에 적어서 '이번 주 우리 집의 잰말 놀이'라며 현관이나 거실 벽 등에 붙여두면 가족 모두가 재미있게 즐길 수 있습니다. 이 시기에 아이가 즐겁게 입 근육을 움직이는 경험을 하면 아이가 정확한 발음을 구사할 수 있게 됩니다.

● 부모-자녀 대화 업그레이드

언어 환경에서 가장 중요한 요소는 바로 부모와의 대화입니다. 아이는 계속 커 가는데 마치 갓난아이에게 말을 걸듯이 혀짧은 소리를 내거나 유치한 단어를 구사하면 어휘력이 늘지 않습니다. 3세가 지나면 '아직 어린아이니까'라는 생각은 버리고 어른과 대화를 나누는 것처럼 자녀에게도 똑같이 말을 걸어 주세요. 다만 부모가 하는 말을 자녀가 100% 다 이해할 것이라 기대해서는 안 됩니다. 아이의 눈을 보고 이야기하며 이해하지 못한 것 같으면 다른 단어

Point!

| 홈메이드 몬테소리 교육 |

- ☐ 읽기도 몸을 움직이면서 즐겁게 습득한다.
- ☐ 문법은 메모지를 잘라 흩뜨려 놓고 재배치하는 활동으로 재미있게 습득한다.
- ☐ 잰말 놀이는 가족 모두가 즐겁게!
- ☐ 부모와 자녀 사이의 대화를 업그레이드한다.

를 사용하거나 몸짓을 활용해서 전달해야 합니다.

● 조사를 빼고 말하지 않기

부모가 반드시 주의해야 하는 습관 중의 하나는 '물 주세요', '비둘기 있다.'처럼 조사를 빼고 말하는 것입니다. 일상 속에서 빈번히 나타나는 이러한 습관은 아이가 그대로 흡수하기 쉽습니다. '물을 주세요', '비둘기가 있다.'라고 반드시 조사를 넣어서 말하는 습관을 들이도록 합시다.

유아기 영어 교육

영어 교육의 중요성

최근 들어 강연에서 가장 많이 받는 질문은 "유아기에 영어 교육은 어떻게 하면 좋을까요?"입니다. 그러면 저는 "영어 교육은 가정 내에서 검토해야 할 중요한 과제입니다."라고 답합니다. 왜냐하면 유아기부터 시작하는 영어 교육에는 장단점이 존재하기 때문입니다. 그렇다면 우선, 영어 교육이 중요한 이유는 무엇일까요?

저출산 고령화 추세로 앞으로 국내 비즈니스의 기회는 대폭 축소될 것입니다. 아이들의 미래를 다루는 육아서이기에 되도록 비관적인 견해는 담고 싶지 않지만 이는 이미 기정사실입니다. 고도 성장기에는 인구 그래프가 우상향을 그리며 증가했기에 국내 시장을 대상으로 비즈니스를 전개하더라도 기업은 성장할 수 있었고 풍요로운 삶을 누릴 수 있었습니다. 그러나 우리 아이들이 살아갈 미래에는 저출산 고령화로 국내 시장이 축소되어 국내만을 대상으로 비즈니스를 전개할 수 없을 것입니다. 기업은 해외로 진출하거나 해외 유입자를 상대로 비즈니스를 하는 것 외에는 살아남을 방법이 없을 것으로 보입니다. 그래서 과거에는 영어를 잘하는 것이 부가적인 요소였지만 지금은 시대가 바뀌어 영어를 못하면 시작조차 할 수 없을 만큼 영어는 필수적인 요소가 되었습니다.

영어 교육도 예전과는 달라졌습니다. 과거에는 '읽기'와 '쓰기' 중심이었지만 이제 '읽기', '쓰기', '듣기', '말하기'라는 네 가지 능력을 고루 갖출 필요성이 생겼습니다. 실전에 사용할 수 있는 영어를 습득한다는 면에서 올바른 방향 전환이라고 생각합니다. 그러나 동시에 사교육비를 얼마나 지출했느냐에 따라서 영어 교육의 출발점과 도착점이 크게 달라질 수도 있게 되었습니다. 과거에는 모든 학생이 중학교 1학년에 'This is a pen' 수준의 영어부터 배우기 시작해서 그때부터 얼마나 열심히 공부했느냐에 따라 실력이 결정되었습니다. 어떤 의미에서는 평등했다고 말할 수도 있겠습니다. 그런데 지금은 중학교 1학년이 되기도 전에 이미 공인 영어 성적을 가진 아이도 있습니다. 언급하고 싶지 않지만, 영어 교육이 교육 격차를 확대하는 큰 요인으로 작용할지도 모릅니다. 영어 실력을 갖춰 놓는 것은 학업 성취뿐만 아니라 아이의 진로 선택 폭에도 큰 영향을 미칠 것입니다.

유아기 영어 교육의 주의점

이렇게 쓰다 보니 조기 영어 교육을 전면적으로 부추기는 꼴이 되었지만 분명히 단점도 있습니다. 다음의 세 가지를 주의하면서 가정 내의 영어 교육 방침을 결정하시길 바랍니다.

❶ 주의점 1 — 모국어 습득이 늦어진다

인간은 누구나 자신이 태어난 나라의 언어, 즉 모국어를 0~6세 사이에 거의 완벽하게 구사할 수 있게 됩니다. 이는 언어 민감기와 청각 민감기 덕분에 가능합니다. 마치 샤워를 하듯이 차고 넘치게 듣고 있는 것만으로도 쉽게 언어를 습득하니 얼마나 놀라운 능력입니까? 그래서 이 시기에 자녀를 다국어 원어민 음성에 노출시키면 바이링구얼bilingual(2중 언어 구사자)로 키울 수 있습니다. 반대로 이 시기가 지나면 모국어 이외의 언어를 소음으로 여겨 배제하는 기능이 귀에 탑재되기 때문에 2개 국어를 병행해서 습득하는 것이 다소 어려워집니다.

다만 주의해야 할 점은 모국어를 소홀히 여겨서는 안된다는 것입니다. 2개 국어를 병행해서 입력하면 '연필'이라는 단어와 'pencil'이라는 단어가 동시에 머릿속에 들어와 짬뽕처럼 뒤섞이는 형태가 되는데, 그 결과 모국어 습득이 30% 정도 늦어질 위험성이 발생합니다.

❷ 주의점 2 — 의사소통을 저해할 수 있다

3~6세에는 모국어로 말하고 싶어 참을 수 없는 언어 민감기가 찾아옵니다. 모국어로 말하는 것이 즐겁고 행복한 시기입니다. 그런데 만일 자녀를 영어로만 말해야 하는 환경에 구속하면 강하게 반항하거나 말하는 것 자체를 귀찮아하고 영어는 물론 모국어까지 발화하지 않을 가능성이 커집니다.

어느 유치원 원장선생님이 "이 시기의 아이들에게 말싸움은 아주 중요합니다."라고 하시는 말씀을 듣고 크게 공감했던 적이 있습니다. 그분은 "자신의 생각을 말로 표현해서 전달하려는 매우 중요한 시기이므로 말보다 손이 먼저 나가서 친구를 때리는 행동을 취하지 않는 이상 잠시 지켜봐야 합니다."라고도 말씀하셨습니다.

따라서 부모는 '어렸을 때부터 영어를 시작해야 입시에 유리하다.'라는 단편적인 생각을 버리고 이 시기에는 '자신의 생각을 말로 표현해서 전달할 수 있는 것'이 무엇보다 중요하다는 점을 잊지 않아야 할 것입니다.

❸ 주의점 3 — 사교육비가 든다

육아에서는 교육비도 중요한 요소입니다. 영어를 잘하면 물론 입시에는 유리하겠지만 유아기부터 지나치게 사교육비를 쏟아부은 나머지 자녀의 진로와 부모의 노후가 흔들린다면 그야말로 주객전도나 다름이 없습니다. 자녀를 키우는 데는 앞으로도 돈이 계속 들어갑니다. 반드시 먼 미래까지 내다보고 균형 있게 쓸 수 있도록 계획을 세워야 합니다.

유아기 영어 교육 어떻게 해야 할까?

사교육비를 들이지 않고 집에서 영어 교육을 하는 방법이 있습니다. 바로 민감기의 힘을 믿고 원어민 영어를 열심히 들려주는 것입니다. 하루에 15분이라도 좋습니다. 꾸준하게 자녀의 귀를 원어민 발음에 노출시키면 귀가 뜨일 것입니다. 영어 동요든 CD든 DVD든

매일 자기 전 또는 차 안에서 영어를 들려주세요. 언젠가 영어가 들리는 귀가 될 것이라고 굳게 믿고 실천하는 것입니다. 다만 주의해야 할 점은 너무 큰 아웃풋을 기대하지는 말아야 합니다. 부모의 의무라고도 생각하지 말고 즐겁고 재미있게 영어로 샤워를 시킨다는 생각으로 해 보는 것이 좋습니다. 그리고 4세 이후에 모국어가 자리를 잡았다는 확신이 들면 그때부터 영어 교육을 본격적으로 시작하는 것을 추천합니다.

만일 자녀를 영어 유치원에 보낼 계획이라면 영어는 유치원에 맡기고 집에서는 모국어로 읽고 듣게 하는 것이 좋습니다. 그리고 부모가 의식적으로 모국어로 말을 거는 노력을 해야 합니다. 영어를 가르치려는 노력의 1.5배에 해당하는 열정으로 모국어로 말을 걸면 2개 국어를 동시에 습득할 수 있는 우수한 능력을 이 시기의 아이들은 두루 갖추고 있습니다. 재차 언급하지만 '자신의 생각을 모국어로 전달하는 것'이 이 시기의 아이에게는 무엇보다 중요한 요소라는 점을 절대로 잊지 말아야 합니다.

Point!

| 홈메이드 몬테소리 교육 |

- ☐ 조기 영어 교육에는 장단점이 모두 있다.
- ☐ 꾸준한 영어 노출로 일단 귀를 뜨이게 한다.
- ☐ 자신의 생각을 모국어로 전달하는 것이 무엇보다 중요한 시기라는 점을 잊지 말자.

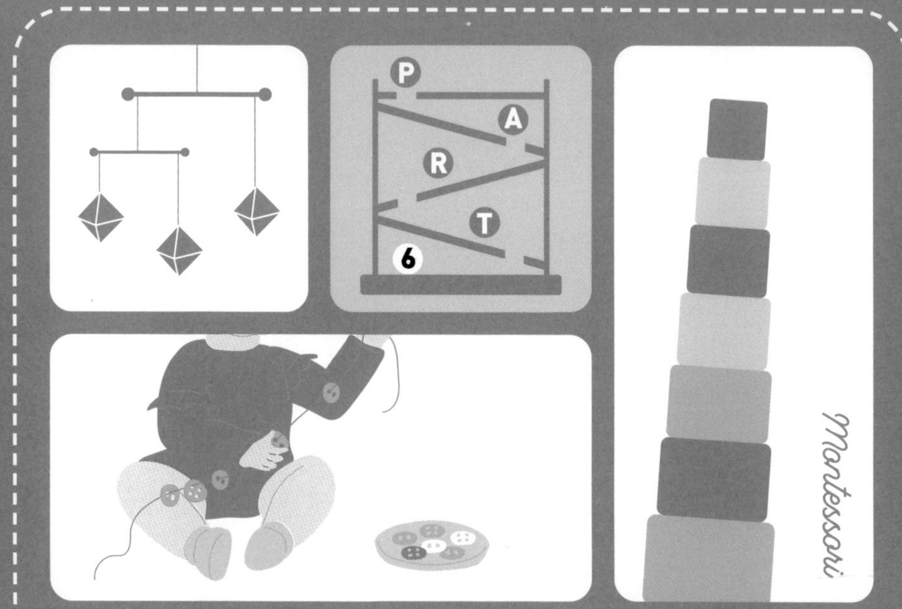

'어느 게 더 많은지 세어 볼래요!'
숫자 민감기

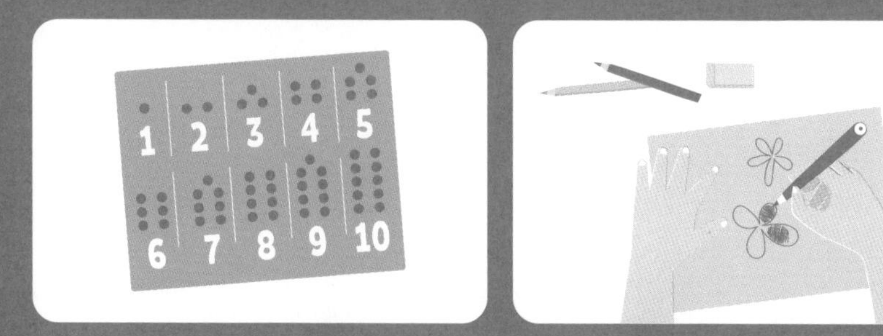

홈메이드 몬테소리 활동 : 수의 개념

숫자 민감기는 타이밍이 관건이다

몬테소리 유치원에서 상급반 아이가 구슬을 이용해 4자리 사칙 연산을 하는 모습을 보고 '유치원생에게 산수라니, 조기 교육은 좋지 않다.'라는 이야기를 하시는 경우가 종종 있습니다. 그런데 만일 아이 스스로 숫자를 세거나 계산을 하고 싶어 한다면 어떻게 해야 할까요? 그런 행동을 할 기회를 주지 않는 것이 정말 아이를 위하는 것일까요?

몬테소리 교육은 '조기 교육'이 아니라 '적기 교육'입니다. 아이들은 특정 시기가 되면 숫자에 매우 민감해지며 숫자를 세고, 읽고 싶어 합니다. 이런 강한 충동에 사로잡히는 시기가 바로 '숫자 민감기'입니다. 숫자 민감기의 특징은 '의외로 늦게 찾아온다'는 것입니다. 대개 4세 후반에서 6세 정도로 월령에 따라 다르겠지만 대체로 유치원 상급반부터 찾아온다고 생각하면 좋습니다. 그래서 타이밍이 무척 중요한데, 이 시기를 부모가 놓치고 초등학교에 올라가서 숫자 감각을 익히려면 너무 늦습니다. 이와 반대로 아직 숫자 민감기가 찾아오지 않았는데 이른 시기에 무리해서 가르치려고 하면 이것이야말로 조기 교육의 폐해로 아이가 숫자를 싫어하게 될 수도 있습니다.

'사물, 수사, 숫자'가 서로 대응되어야 한다

아이가 1부터 10까지 연속해서 셀 수 있다고 해서 1부터 10까지의 숫자 개념을 올바르게 이해했다고 볼 수 있을까요? 시험 삼아 아이에게 "10의 앞 수는 뭐야?", "9의 다음 수가 뭘까?"라고 물어보면 대답하지 못하는 경우가 태반일 것입니다. 이는 마치 경전처럼 수사를 외운 것일 뿐, 사물의 양과 숫자를 서로 대응시키지 못하는 상태입니다. 이런 경우는 어른들이 상상하는 것보다 훨씬 더 많습니다. 그러다 보니 "우리 아이가 수를 안다고 생각했는데 초등학생이 되어 보니 전혀 모르더라고요." 하는 경우가 발생하는 것입니다.

이런 이유로 몬테소리에서는 숫자 교육을 할 때 '사물, 수사, 숫자'의 삼위일체를 매우 신중하게 고려합니다. 아이가 빨리 연산을 잘하게 되었으면 좋겠다는 부모의 조급함과 욕심으로 이 과정을 건너뛰어서는 절대로 안 됩니다.

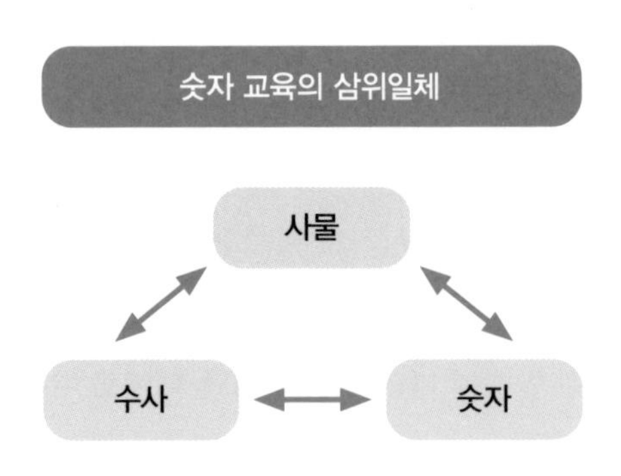

숫자 민감기가 다가오면 아이는 다양한 종류의 사물을 보고, 실제로 만져 보고, 확인하고, 다른 것과 분류하거나 같은 것을 모으기 시작합니다. 손가락을 사용하고 싶은 운동 민감기와 사물을 오감으로 구별하는 감각 민감기가 겹쳐져 이런 활동을 촉진합니다.

수의 개념을 제대로 이해하는 아이

숫자 교육을 할 때는 세 가지 주의할 점이 있습니다. 첫째, 사물을 사용해서 몸을 움직이며 배웁니다. 둘째, 즐겁게 놀이하는 분위기로 활동합니다. 셋째, 아이도 시도해 볼 수 있도록 합니다.

이렇게 숫자 교육을 하다 보면 '빨리 지면 학습을 시키고 싶다.'라는 마음이 들 수도 있습니다. 하지만 아이들은 현실에서 일어나는 일과 지면에서 일어나는 일을 일치시키기까지 어른이 생각하는 것보다 몇십 배나 더 어려워하고 시간도 오래 걸립니다. 따라서 부모의 조급한 마음으로 서둘러 지면 학습을 시작하게 되면 종이를 싫어하고, 숫자를 싫어하는 아이로 자랄 수 있습니다. 지면 학습은 매우 신중하게, 조바심내지 않고 천천히 진행해야 합니다.

● 수를 세는 방법 통일하기

아이가 입으로 숫자를 세기 전에 부모는 수를 세는 방법을 통일해야 합니다. 숫자를 셀 때 아빠는 4를 '사'라고 말하고, 엄마는 '넷'이라고 말하면 이 시기의 아이는 무척 혼란스러워하기 때문입니다. 처음에는 '일, 이, 삼…'으로 숫자 세는 방법을 통일해 주세요. 수 세기가 능숙해지면 '하나, 둘, 셋…'도 자연스럽게 병행해서 말해 줍니다.

● 단위는 천천히 익히기

한 자루, 두 마리, 세 장 등과 같이 숫자 뒤에 단위를 붙여서 세는 것은 수 개념이 완벽하게 자리 잡은 이후에 시작하도록 합니다. 처음에는 "연필을 3(삼, 셋) 주세요~"와 같이 말해 주세요.

● 숫자 카드(4세 반~)

아이가 다양한 물건을 말로 세어 보고 사물의 개수와 1부터 10까지의 수사를 서로 대응시킬 수 있다면 이제 숫자가 등장할 차례입니다. 사진처럼 1부터 10까지의 숫자가 적힌 카드와 빨간색 점 스티커를 붙인 카드를 만듭니다. 아직 0은 사용하지 않으니 주의해 주세요.

먼저, 숫자 카드를 읽는 방법을 확인합니다. 1부터 10까지 순서대로 숫자를 읽는 연습을 하고 1부터 10까지의 숫자 카드를 순서대로 나열합니다. 이번에는 10부터 1까지 숫자를 읽는 연습을 해 보고, 10부터 1까지 숫자 카드를 반대로 나열합니다.

이제 카드를 엎어 놓고 무작위로 뒤집어도 아이가 숫자를 읽을 수 있는지 확인합니다. 그다음 빨간색 점 스티커를 붙인 카드를 꺼내 빨간색 점이 몇 개인지 소리 내어 세고, 숫자 카드와 짝을 맞춥니

다. 이 과정을 거치면 아이는 '사물, 수사, 숫자'의 세 가지 요소를 완벽하게 서로 대응시킬 수 있게 됩니다.

● 숫자 놀이 레벨 업

방 안에 놀이 구슬을 많이 놓아 두고 아이에게 숫자를 보여 줍니다. 그리고 "이 숫자만큼 구슬을 가져와 볼까?"라고 말하고 아이가 가져오도록 합니다.

혹시 '워킹 메모리'라는 말을 들어보셨나요? 워킹 메모리는 정보를 일시적으로 뇌에 보존하고 처리하는 능력을 말합니다. 아이가 숫자를 기억하고 그 수만큼 사물을 집어 오게 하는 활동은 숫자 놀이일 뿐만 아니라 워킹 메모리까지 발전시킬 수 있으니 집에서 꼭 해 보길 바랍니다.

● '0'의 개념 익히기(5세~)

'0'의 존재와 그 의미를 알게 되려면 적어도 5세가 되어야 합니다.

Point!

| 홈메이드 몬테소리 교육 |

- ☐ 가정에서 수를 세는 방법을 통일한다.
- ☐ 처음에는 수를 세는 단위를 사용하지 않는다.
- ☐ '사물, 수사, 숫자'의 세 가지 요소를 아이가 대응시킬 수 있도록 신중하게 진행한다.
- ☐ 지면 학습으로는 되도록 천천히 전환한다.

다음과 같은 게임을 통해서 아이에게 '0'의 개념을 알려 주면 좋습니다. "구슬을 0개 가져와 볼까?"라고 말하면 아이는 살짝 곤란해할 것입니다. 이때 부모가 적당한 타이밍에 "아, 맞다~ 0은 아무것도 없는 거지~"라며 '0'이라는 수에 대한 개념을 말해 줍니다.

홈메이드 몬테소리 활동 : 수의 활용

수의 개념을 생활에 활용할 수 있는 아이

아이들은 큰 수를 무척 좋아합니다. 그래서 유치원에서는 아이들이 이렇게 티격태격하는 모습을 자주 볼 수 있습니다. "나는 만 개나 갖고 있지롱~", "나는 백만 개거든!" 예나 지금이나 변함없이 볼 수 있는 광경입니다. 숫자 민감기에 돌입한 아이들은 숫자의 정확성에 흥미를 느끼고 큰 수의 매력에 푹 빠집니다.

그런데 일반적인 교육법은 작은 수부터 시작해서 큰 수로 점차 확장해 나가는 방식입니다. 수를 주의 깊고 세심하게 세는 방법인 것은 맞지만, 아이들의 시선에서 재미의 유무를 생각해 보면 왠지 역동성이 부족하다고 느껴지지 않나요?

이에 비해 몬테소리 교육은 처음부터 거시적인 관점으로 접근하는 방법을 택합니다. 큰 개념을 잡는 것부터 시작해서 점차 작은 개념으로 관점을 옮겨 나가는 것입니다. 예를 들어 보통은 지리를 배

울 때 자신이 사는 지역과 그 주변에 대해서 먼저 배우고, 학년이 올라가면 시와 도를 배우고, 한국이라는 나라를 배우고 나서 세계 지도를 배우는 과정을 밟습니다.

그러나 몬테소리 교육에서는 빅뱅으로 우주가 탄생했다는 사실을 먼저 배우고 은하계, 태양계, 지구 순으로 학습합니다. 10페이지에 실린 몬테소리의 지구본을 자세히 봐 주시길 바랍니다. 이 지구본에는 국경이 없습니다. 국경은 인간이 그려 넣은 표시에 지나지 않으며, 자연에는 과거부터 지금까지 그리고 앞으로도 영원히 국경이 없을 것이라는 의미입니다. 즉, 본래 인간은 모두가 똑같은 '지구인'이라는 사실을 제일 먼저 배우는 것입니다. 어떻습니까? 스케일부터 남다르지 않나요? 숫자 교육 역시 마찬가지입니다.

덧셈을 가르칠 때 보통은 '1 + 1 = 2'부터 시작합니다. 물론 알기 쉽죠. 하지만 1에 1이 더해져 2가 되는 것은 머리로는 이해할 수 있지만 큰 감흥은 주지 않습니다. 몬테소리 교육에서는 수 개념이 잡힌 아이에게 덧셈을 가르칠 때, '3256 + 2436'처럼 큰 수로 가르칩니다. 각각의 숫자를 보고 그 수만큼 구슬을 세어서 보자기 주머니에 넣고 마구 섞습니다. 이런 실제 행동을 통해서 '덧셈이란 한 숫자에 다른 숫자를 합해서 큰 수를 만드는 작업'이라는 점을 몸소 체험하는 것부터가 시작입니다. 아이들은 구슬이 마구 섞이는 순간 재미있어서 어쩔 줄을 모릅니다. 이런 즐거운 활동을 통해서 아이들의 마음 속에는 '숫자는 재미있고 신기하다'라는 마음이 자라납니다.

앞으로 우리가 살아갈 시대에 '1 + 1 = 2'와 같은 단순 계산의 반복은 인간보다 AI가 훨씬 빠르고 정확하게 해 줄 것입니다. 인간에게 필요한 능력은 차원을 뛰어넘는, 즉 본질적인 개념을 발판으로 한 비약적인 발전입니다. GAFA Google, Amazon, Facebook, Apple처럼 차원을 뛰어넘은 발상을 하려면 이러한 경험을 유아기에 많이 쌓아야 하지 않을까요? 실제로 전 세계가 이 사실을 깨닫기 시작했습니다. 100년보다도 더 오래된 과거의 유아교육법이 다시금 큰 주목을 받는 데는 이러한 배경이 있는 것입니다.

여건상 가정에 몬테소리 유치원처럼 다량의 구슬을 준비하기는 쉽지 않고, 그럴 필요도 없습니다. 집에서도 즐겁고 손쉽게 할 수 있는 수 관련 활동을 몇 가지 소개하겠습니다.

● 100개의 비즈로 익히는 십진법(5세~)

비즈를 10개씩 실에 꿴 묶음을 10개 만들어 체인으로 연결하면 '100개의 비즈 놀이'를 할 준비가 끝납니다. 아이와 함께 1부터 수를

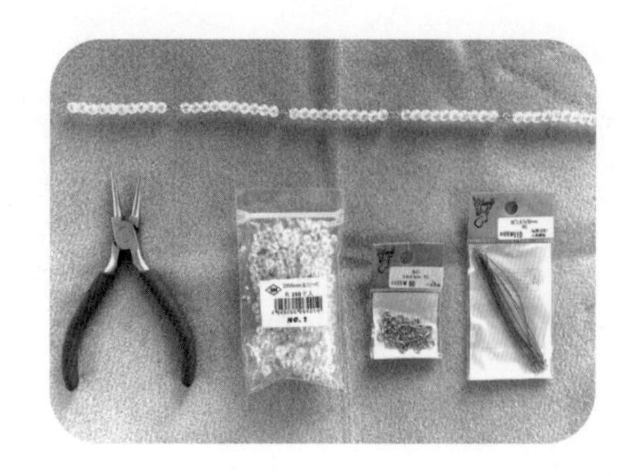

✽ 간단한 도구로 집에서 쉽게 만들 수 있어요!

세기 시작해서 10, 20, 30 등 10단위 지점에 숫자 카드를 붙입니다. 마지막에 100이라고 적은 카드는 다른 카드보다 살짝 크게 만들어 둡니다. 난이도를 올려 '55'라고 적은 카드를 만든 뒤, "55는 어디일까?"라며 아이와 즐겁게 수 개념을 익혀 나가도 좋습니다. 이 활동은 수의 연속성을 익히는 데 매우 중요하고 효과적인 놀이 활동입니다. 이 활동을 통해서 아이들의 머릿속에는 수의 연속성과 십진법의 원리가 자리 잡게 됩니다.

● 단위 놀이(5세~)

갑작스러운 질문이지만 혹시 여러분은 집에서 지하철역까지 몇 km인지 알고 있나요? 혹은 자신이 평소에 들고 다니는 가방이 몇 g인지 알고 있나요? 어디선가 "그런 건 디지털 기계가 측정해 주니까 알 필요 없어요."라는 의견이 들려오는 듯합니다. 옳은 말씀입니다. 그래서 인간의 감각이 점점 퇴화하고 있는 것입니다. 하지만 앞으로 우리 아이들이 살아갈 미래에는 이런 수와 양, 거리, 시간 등을 피부로 느끼고 어림잡아 예상하는 능력이 매우 중요해질 것입니다.

초등학생이 되어서 거리, 양, 무게를 공부하는 데 어려움을 느끼는 학생이 많은 이유는 그런 개념들을 몸으로 직접 체험해 보지 못한 채 학교에 입학했고, 수업 시간에 지면으로 설명만 듣고 이해해야 하기 때문입니다. 감각 민감기와 운동 민감기, 숫자 민감기가 함께 찾아오는 최고의 시기에 즐기면서 재미있게 단위를 익힐 수 있다면 자녀에게는 평생 큰 자산이 됩니다.

● **1km 놀이(5세 반~)**

미리 자녀의 보폭을 측정해 1km가 약 몇 걸음인지 계산해 둡니다. 가령 보폭이 45cm라면 100,000cm(1km)를 45로 나눈 2,222라는 숫자를 기억합니다. 그리고 아이와 함께 집을 나서 지하철역까지 산책합니다. 가는 동안 아이에게 걸음 수를 소리 내어 세도록 합니다. 숫자 민감기의 아이라면 아마도 신이 나서 열심히 셀 것입니다. 2,222보에 거의 다다르면 "멈춤!"이라고 외치고 아이에게 "집에서 여기까지가 1km야."라고 말해 줍니다.

아이는 직접 몸으로 거리 감각을 느끼면서 "아~ 집에서 여기 우

체통까지가 1km구나!"를 알게 되고 어렴풋하게나마 거리에 대한 개념이 싹트기 시작할 것입니다. 이 시기에 이렇게 몸으로 직접 경험한 거리 감각은 평생 남습니다. 시간이 지나도 '이 거리의 2배 정도니까 약 2km 정도 되겠구나!'라고 짐작할 수 있게 됩니다.

● 여러 가지 물건의 무게 측정해 보기

디지털보다는 바늘형으로 된 주방용 저울을 하나 준비합니다. 그리고 먼저 500ml 페트병의 무게를 측정해 봅니다. 그다음에는 1ℓ 페트병의 무게를 측정합니다. 이런 식으로 500ml, 1ℓ, 500g, 1kg의 개념을 몸으로 익혀 나갑니다.

이번에는 가방이나 노트북 등을 손으로 들어 보고 무게를 예측해 봅니다. 그리고 실제로 측정한 무게와 비슷한지 맞혀 봅니다. 이렇게 자녀와 함께 놀이식으로 무게 감각을 즐겁게 체험합니다.

주스를 따를 때도 계량컵을 사용해서 "오렌지 주스 300ml를 따라 볼까?"라고 말하며 아이들이 일상생활에서도 단위에 익숙해지도록 해 주세요.

● 시간 측정해 보기

먼저 스톱워치로 10초를 설정하고 10초가 어느 정도인지 개념을 잡습니다. 그런 후에 눈을 감고 10초가 지났다고 생각한 시점에서 스톱워치를 눌러 시간을 맞춰 보는 놀이를 합니다. 이 놀이는 경쟁하기 좋아하는 유치원 상급반 아이들에게 가장 인기가 많습니다. 집에서도 꼭 한번 해 보길 바랍니다.

'AI 시대에 왜 굳이 이런 활동이 필요할까?'라는 의문이 들 수도 있을 것입니다. 하지만 우리 아이들이 살아갈 미래는 기계가 거의 모든 것을 대신해 줄 것이기에 오히려 더 감각적으로 단위 개념을 익혀 둘 필요가 있습니다. 기계가 고장 나거나 뭔가 잘못된 지시를 내렸을 때, 그 지시를 그대로 받아들이는 것이 아니라 '어! 이거 뭔가 이상한데?'라며 경험을 통해 익힌 감각을 신뢰하고 판단하는 것이 매우 중요하기 때문입니다. 감각적인 판단이야말로 인간만이 가진 능력입니다.

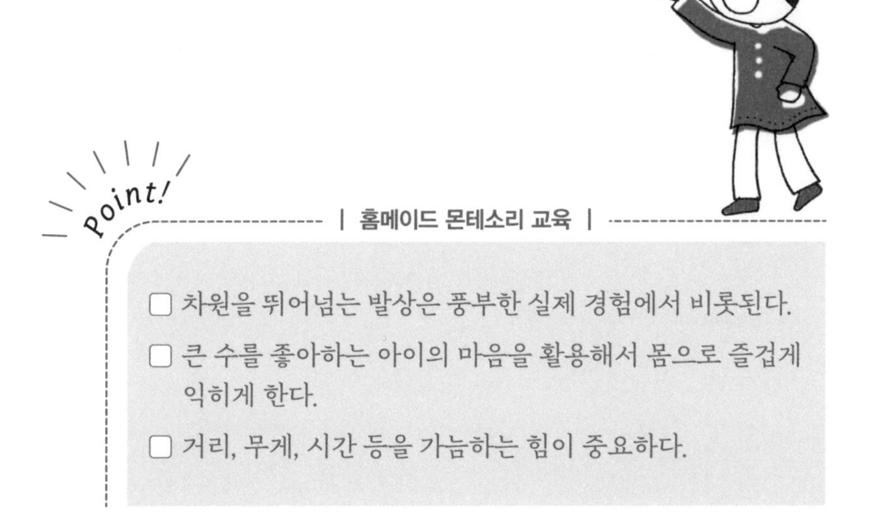

| 홈메이드 몬테소리 교육 |

- ☐ 차원을 뛰어넘는 발상은 풍부한 실제 경험에서 비롯된다.
- ☐ 큰 수를 좋아하는 아이의 마음을 활용해서 몸으로 즐겁게 익히게 한다.
- ☐ 거리, 무게, 시간 등을 가늠하는 힘이 중요하다.

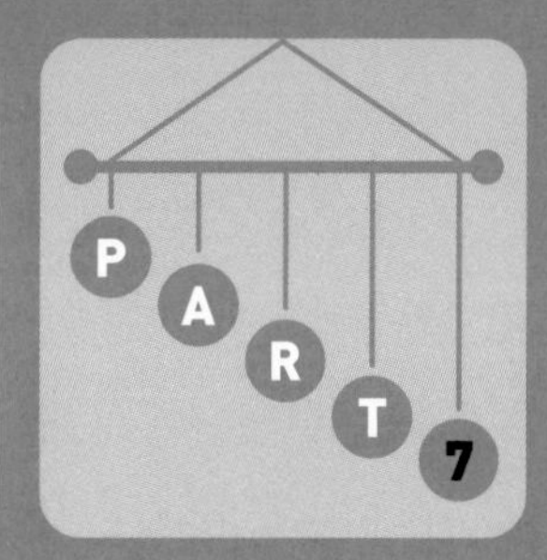

‘저건 왜 그럴까? 너무 궁금해요!’ 언어 민감기 ②

홈메이드 몬테소리 활동 : 과학 탐구

세상의 원리를 깊이 탐구하는 아이

5세에 가까워지면 아이들은 '세상의 구조와 원리'에 흥미를 느끼고 어떤 특정 분야를 깊게 파고들기도 합니다. 특히 남자아이는 기차, 자동차, 비행기, 운동, 곤충, 공룡 등의 분야에 몰입하는 경우가 많습니다. 유치원에서 '○○ 박사'가 탄생하는 것도 대개 이 무렵부터입니다. 언어 민감기도 함께 찾아오기 때문에 어렵고 복잡한 공룡 이름이나 자동차 이름, 기차 종류, 역 이름 등을 술술 말할 수 있습니다. "이게 뭐야?"라며 사물의 명칭에 흥미와 관심을 보이던 아이는 어느샌가 이유나 원리로 그 흥미를 옮겨 시도 때도 없이 "왜?"를 연발합니다.

여담이지만 저는 유치원생 시절에 '공룡 박사'였습니다. 공룡 이름을 줄줄 읊고 지점토로 공룡 모양을 만드는 것이 특기였죠. 40년이 지나서 유치원 교육 실습을 나갔을 때 지점토를 주무르는 실력이 녹슬지 않아 아이들에게 큰 인기를 얻었습니다.

다시 원래 이야기로 돌아오면 3세 무렵의 아이들은 “이게 뭐야?” 라며 사물의 명칭에 흥미와 관심을 보이는 데 반해 5세 무렵이 되면 그런 흥미가 이유나 원리로 옮겨가서 “왜?”를 연발하기 시작합니다. 이것이 바로 ‘제2의 언어 폭발기’입니다.

인간에게는 사물을 탐구하려는 경향이 있고 그것이 평생 지속된다고 합니다. 고대부터 인간은 사물을 탐구하고 그 결과를 대대손손 전해 왔습니다. 즉, 인간의 문화는 조상들의 축적물 위에 현재가 더해져서 구축된 것입니다. 자녀의 “왜?”라는 반복적인 질문에 이런 배경이 있다고 생각하면 아무리 바쁘더라도 꼭 대답을 해 줘야겠다는 마음이 강해지지 않나요? 자녀의 왕성한 호기심에 부응할 수 있도록 집에도 적합한 환경을 마련해 주는 것이 필요합니다.

● 도감(4세~)

4세 이후부터 집에 반드시 마련해 놓아야 할 것이 바로 ‘도감’입니다. 도감은 다양한 분야를 카테고리별로 나누어 생각하는 기본 토대를 만들어 줍니다. 도감을 한 세트로 준비해 두면 아이가 별로 관심을 보이지 않는 분야도 도감을 통해서 접할 수 있기 때문에 흥미의 대상이 넓어집니다.

컴퓨터나 태블릿PC는 그 자리에서 바로 검색해서 영상을 보여 줄 수 있다는 큰 장점이 있어 저도 자주 활용하는 편이지만, 아이 입장에서 생각해 보면 부모나 어른에게 부탁해야 검색할 수 있다는 단점도 있습니다. 하지만 도감은 아이가 보고 싶을 때 언제든 스스로 책장에서 꺼내서 찾을 수 있습니다.

● 지구본과 국기

지구본은 텔레비전이 있는 거실에 두는 것이 좋습니다. 뉴스나 TV 프로그램 등에서 국가명이 언급되었을 때 자녀와 함께 곧바로 어디에 있는 나라인지 찾아보는 방식으로 활용할 수 있습니다.

국기는 이 연령대의 아이들에게 매우 매력적인 존재입니다. 국기를 보여 주면서 그 나라의 특산품, 전통의상 등의 이야기로도 깊이를 더해 갈 수 있습니다. 이때 컴퓨터나 노트북, 태블릿PC를 사용하면 속도 면에서 매우 효과적입니다.

● 자석

아이들에게 자석은 신비로운 물건입니다. 이 단계에서는 자석에 물건이 달라붙는 이유를 이해시킬 필요는 없습니다. 우리 주변에 자석에 달라붙는 것과 달라붙지 않는 것이 있다는 사실을 체험하는 것만으로 충분합니다. 바구니 안에 다양한 소재의 물건을 넣어 두고 아이가 혼자 자석으로 실험해 볼 수 있게 하거나 놀이터로 나가서 모래 속에 섞인 철가루를 자석에 붙여 보는 체험도 좋습니다.

"왜 그럴까? 신기하네~" 하는 모든 경험은 배움의 씨앗이 됩니다. 비옥한 논밭 같은 3~6세에 호기심의 씨앗을 아이 마음속에 많이 뿌려 주고자 하는 부모의 마음가짐이 무엇보다 중요합니다.

● 욕실

욕실은 아이들에게 과학 실험실이나 다름없습니다. 아이들은 물에 뜨는 것과 가라앉는 것이 있다는 사실을 무척 신기해합니다. 물을 엎질러도 괜찮은 공간에서 큰 대야에 적당한 양의 물을 채운 다음, 다양한 소재의 물건(철, 발포 스티로폼, 채소, 과일 등)을 하나씩 띄워 보는 실험을 합니다. 또는 물을 받아 놓고 공기가 든 컵을 물속으로 뒤집어 넣어서 공기 방울이 물 위로 뽀르르 올라오거나 빨대로 물컵에 숨을 불어넣어 공기 방울이 뽀글뽀글 올라오는 모습을 보여 줍니다. 이 역시 아이들에게는 매우 흥미로운 체험입니다.

● **디지털카메라(4세~)**

과거에 카메라는 고급 전자 제품으로 아이들이 쉽게 만질 수 없는 물건이었습니다. 필름도 비싸고 현상하는 비용도 꽤 들었기 때문에 대부분의 부모는 자녀에게 촬영을 허락하지 않았습니다. 그런데 지금은 기술의 발전으로 카메라 가격이 낮아졌고 망가질 염려도 줄어들었습니다.

동네 산책이나 동물원에 나들이를 갈 때 아이에게 카메라를 들려주면 아이는 새로운 발견을 경험할 수 있을 것입니다. 동물 머리를 화면에 꽉 채워서 찍거나 꼬리만 찍는 등 아이는 자신만의 관점으로 촬영합니다. 잘 나온 사진 작품은 인화해서 아이 방에 걸어 주세요.

● **불(5세~)**

부모로서 자녀에게 반드시 알려 줘야 할 것 중에는 '불의 소중함과 위험성'이 있습니다. 최근에는 집 안 전체가 전기 시스템인 가정이 늘고 있고, 위험하다는 이유로 불에 가까이 다가가거나 만지지 못하도록 하기도 합니다. 그러나 불은 위험하기에 오히려 더 정확하게 다루는 법을 알려 줄 필요가 있습니다. 캠핑을 기회로 성냥이나 라이터로 불을 붙이는 법을 알려 주거나 불이 얼마나 위험한 존재인지 깨닫게 합니다. 또한, '어른이 없을 때는 절대로 불을 다뤄서는 안 된다.'라는 것을 약속하고 명심하도록 지도합니다.

이 밖에도 아이들의 과학적 호기심과 흥미에 부응할 수 있는 놀이들이 많이 있습니다.

- 바람의 힘을 체감하는 활동(풍차, 연날리기, 풍경)
- 태양의 존재를 느끼는 활동(그림자 밟기, 해시계, 거울)
- 시간의 흐름을 체감하는 활동(모래시계)
- 작은 것을 크게 보고 탐구하는 활동(돋보기, 망원경)

| 홈메이드 몬테소리 교육 |

- ☐ 특별한 시설에 가지 않아도 할 수 있는 몬테소리 교육은 주변에 얼마든지 많다.
- ☐ 5세부터 "왜?"라는 질문을 하는 것이 배움의 시작이다.
- ☐ 배움의 씨앗을 많이 뿌려 두고 수확은 먼 미래에 거두자!

홈메이드 몬테소리 활동 : 자연 체험

자연의 소중함을 아는 아이

마리아 몬테소리는 아이들을 '꼬마 과학자'라고 말했습니다. 이 연령대는 그야말로 지성의 싹이 트는 시기라고 할 수 있습니다. 감각 민감기에 섬세하게 단련된 감각 기관을 활용해서 이 세상의 모든 것을 보고, 듣고, 만지고, 냄새 맡고, 때로는 맛도 보면서 그것이 무엇인지를 확인하려고 합니다. 그러니 반드시 아이를 데리고 집 밖으로 나가 보는 것이 중요합니다. 3~6세는 가족과 함께 무엇이든지 즐기면서 배우는 멋진 시기입니다.

우리는 사계절을 모두 즐길 수 있는 몇 안 되는 민족 중 하나입니다. 옛날 사람들은 사계절을 24절기로 나누어 풍요롭게 즐기는 지혜까지 두루 갖추었습니다. 그런데 현대에는, 특히 도심 속의 아파트에 사는 우리는 계절의 변화를 온전히 느끼지 못하는 삶을 살고 있습니다. 자연을 피부로 느끼며 지성과 감성을 기르려면 이제는 의식적으로 자연 속으로 들어가는 체험을 해야 하는 상황에 이르렀습니다.

● 다른 계절에 같은 장소 산책하기

시기를 달리해서 같은 장소를 찾아가면 계절의 변화를 느낄 수 있습니다. 자녀와 매일 지나는 등하원 길에서 계절의 변화를 느낄 수 있다면 가장 좋겠지만 도심의 아스팔트 길을 걷거나 셔틀을 타고 등하교를 하느라 그런 경험을 할 수 없는 경우도 꽤 많습니다. 만일 그렇다면 최소한 계절이 바뀔 때마다 같은 장소에 가는 날을 정해 놓고 자녀와 함께 산책을 나서 보세요.

잘 정비된 공원보다는 산이나 숲, 하천 등 자연 그대로의 모습을 접할 수 있는 곳이 좋습니다. 계절이 바뀔 때마다 같은 장소에 가 보면 봄에는 꽃이 피고 여름에는 매미가 울고 가을에는 단풍이 지고 겨울에는 눈이 내리는 등 사계절의 순환을 직접 느낄 수 있습니다.

● 정원 체험하기

정원은 아이들에게 다양한 체험을 제공할 수 있는 공간입니다. 아무리 협소하더라도 아이들이 활용할 수 있게 해 주세요. 빌라나 아파트에 거주한다면 베란다도 좋습니다. 꽃이나 작은 나무를 심어 보고 물을 주는 활동을 통해서 아이들은 싹이 트고 꽃이 피고 열매가 맺히는 생명의 순환을 직접 눈으로 관찰할 수 있습니다. 이 연령대에

실제로 보고 느끼는 체험은 매우 소중합니다. 다만 정원 활동을 자유롭게 즐기는 대신, 정원이라는 공간을 관리하는 사람으로서 책임감을 가질 수 있도록 지도해 주세요.

● 생명의 소중함 알기

아이에게 생명의 소중함을 알려 주기 위한 가장 좋은 방법은 동물을 가족의 일원으로 받아들이고 키우는 것입니다. 이 시기의 아이들은 동물을 돌보기에 적당한 연령이기도 합니다. 반려동물의 어떤 부분을 보살필 것인지 자녀의 역할을 정해 주면 책임감도 길러 줄 수 있습니다. 다만 수명이 길거나 몸집이 큰 반려동물도 있어서 책임감을 갖고 끝까지 돌볼 수 있을지에 대해 자녀와 충분히 상의한 후에 입양을 결정하는 것이 중요합니다.

● 생명의 순환 이해하기

인간은 다양한 생명을 취해서 먹으며 살아갑니다. 이를 자녀에게도 알려 주어야 합니다. 예를 들어 직접 딴 과일과 채소를 손질해서 바로 먹거나 요리해서 먹습니다. 그리고 남은 씨앗과 껍질은 땅에 묻어 자연으로 돌려보냅니다. 이런 일련의 과정을 직접 경험하게 해서 생명의 순환 사이클을 알 수 있도록 하는 것입니다. 식탁에 오르는 음식에 감사하는 마음을 피부로 느끼는 것 역시 이 시기에 필요한 경험입니다.

● 재해에 대비해 생각해 보기(5세~)

재해가 발생했을 때 우리 가족은 어떻게 해야 할까요? 재해 발생시 대처 방법에 대해서 자녀와 이야기를 나누고 준비해야 합니다. 비상 상황이 발생했을 때 집에서 어떤 물건을 챙겨 나갈 것인지 자녀와 머리를 맞대고 의논해 봅시다. 또한, 정전에 대한 뉴스를 들었다면 전등을 끄고 촛불에 의존해서 하룻밤을 지내보는 것도 좋습니다. 전기와 물 등을 포함해서 항상 우리 주변에 있는 것들에 대한 고마움을 느끼는 체험의 기회가 될 것입니다.

● 재활용 실천하기(5세~)

우리 아이들이 살아갈 미래에는 환경과 자원이 큰 문제가 될 것입니다. 인간이 앞으로 살아가려면 한 사람 한 사람이 자원을 재활용하려고 노력하는 수밖에 없습니다. 가족회의를 통해서 가정 내의 재활용 규칙과 담당을 정해 보세요. 서로 의견을 나누고 규칙과 담당을 정하는 과정 역시 자녀가 훗날 사회로 나가기 위한 좋은 실습이자 발판이 될 것입니다.

Point!

| 홈메이드 몬테소리 교육 |

- ☐ 아이들은 꼬마 과학자이다.
- ☐ 자녀와 대화를 나누면서 아이가 자신의 생각과 의견을 전달할 수 있는 습관을 길러 준다.
- ☐ 재해나 자원의 재활용 등을 자기 주변의 문제로 체험해 본다.

Column 3

자녀가 진정한 배움을 경험하도록 돕는 것이 부모의 역할이다

저는 네 명의 아이를 둔 아빠입니다. 저희 가족은 재혼 가정으로 첫째부터 셋째까지는 저와 피가 섞이지 않았습니다. 재혼하고 머지않아 막내가 태어나면서 저는 거의 동시에 네 아이의 아빠가 되었습니다. 예상 밖의 험난한 출발이었습니다. 나름대로 열심히 노력했지만 늘 제자리걸음이었고 육아 스트레스로 입원까지 한 적도 있습니다. 그때 저에게 큰 도움이 되었던 것이 바로 몬테소리 교육입니다.

이런 경험을 바탕으로 저처럼 육아로 고민하는 엄마, 아빠들을 위해서 몬테소리 교육을 전하고 싶다는 생각을 하게 되었습니다. 그 생각 하나로 20년간 근무하던 외국계 금융기관을 그만두고 50세의 나이에 몬테소리 교사 자격증을 따기 위해 학교를 다니기 시작했습니다. 그 후 육아서를 내면서 전국의 수많은 부모님들에게 "책을 참고해서 몬테소리 교구를 만들고 있어요!", "부부끼리 육아에 대해서 진지하게 의견을 나눌 기회가 늘었습니다!" 등의 소감을 전해 들었습니다. 저에게는 최고의 찬사이자 격려가 되는 말이라 그런 이야기를 들을 때마다 가슴이 벅차오릅니다. "몬테소리 교육은 의사가 고안한 교육법이라 논리적이고 이해하기 쉽다."라는 이야기도 들을 수 있었습니다.

제 지론은 '좋아하는 일을 하는 것이 세상을 바꾼다.'라는 것입니다.

빌 게이츠도, 제프 베조스도, 마크 저커버그도 모두 좋아하는 일을 발전시켜 세상을 변화시킨 사람들이기 때문입니다. 3세부터는 아이가 흥미를 보이는 범위가 점차 넓어지고 깊어집니다. 따라서 3세 이후에는 부모의 역할이 더욱 중요합니다. “이건 왜 그런 거지?”, “이건 어떻게 생긴 거지?”라는 어렸을 때의 호기심과 흥미가 모든 것의 시작입니다. 그리고 다양한 체험을 통해서 느끼고 깨닫게 되는 모든 것이 바로 배움의 씨앗이 됩니다.

이 ‘배움의 씨앗’이 뿌려지는 때가 바로 3~6세입니다. 배움의 씨앗이 뿌려져 스스로 흥미의 대상을 발견하고, 호기심과 궁금증을 갖고, 실제 체험을 통해서 원리를 터득해 나가는 선순환을 그리는 것이 매우 중요합니다. 종래의 교육법처럼 부모나 교사가 내 주는 과제를 수행하고 정답을 맞추는 것만으로는 진정한 배움을 경험할 수 없습니다. 진정한 배움의 선순환을 그리려면 부모가 자녀 옆에서 쉽게 손을 내밀거나 참견하지 않고 장기적인 관점에서 자녀를 관찰하는 역할을 해야 합니다. 무언가를 가르치려고 애쓰지 않아도 됩니다. 그저 자녀 옆에서 함께 달려 주고 지켜봐 주면 충분합니다.

앞으로 펼쳐질 미래 사회에서 ‘예측’은 AI나 빅데이터가 대신해 줄 것입니다. 인간에게 필요한 것은 ‘예측 불능의 사태’가 발생했을 때, 새로운 발상으로 상황을 대처해 나가는 능력입니다. 즉, 인간이 본래 가지고 있는 감성과 감각, 피부로 느낀 것을 바탕으로 자신을 믿고 결단을 내리는 능력이 중요합니다. 인간만이 가질 수 있는 이런 고유한 능력은 3~6세에 길러지는 것입니다.

야외 활동, 여행, 캠핑, 실험, 탐험 등 다양한 기회를 만들어서 자녀의 감각을 길러 주는 것이 바로 부모가 해야 할 역할입니다. 그렇다고 모든 것을 다 하려고 욕심낼 필요는 없습니다. 이 책을 읽고 공감된 부분, 이것이라면 나도 할 수 있겠다고 생각되는 부분부터 먼저 실천해 보세요.

아이를 위한 환경 마련하기

아이 방을 어떻게 정리해야 할까?

아이의 몸과 마음이 성장함에 따라 가구와 인테리어, 장난감을 재점검하고 재정비하는 작업이 필요합니다. 적어도 6개월에 한 번씩은 꼭 점검해 주세요. 신체 성장에 따라 의자나 책상 등 큰 사이즈의 가구가 필요해지기도 하고, 능력 발달에 따라 아이에게 적합한 장난감의 종류도 달라지기 때문입니다.

● 책상과 의자(3세~)

자녀 방을 꾸밀 때 가장 중요한 요소는 아이가 혼자 생활할 수 있는 환경을 조성하는 것입니다. 적어도 아이용 책상과 의자는 꼭 마련해 주세요. 비싸고 멋진 가구일 필요는 없습니다. 아무리 좋은 책상이라도 아이가 혼자 앉을 수 없어 장시간 집중하지 못하는 책상이라면 아무런 의미가 없기 때문입니다. 다음의 다섯 가지 조건을 고려해서 선택해 주세요.

(1) 등받이가 있고 아이가 앉았을 때 발뒤꿈치가 바닥에 닿는 의자가 적합합니다.
(2) 스스로 꺼내고 넣을 수 있는 가볍고 안전한 의자가 적합합니다.
(3) 회전의자는 집중에 방해가 되므로 이 연령대에는 부적합합니다.
(4) 책상은 벽면을 향해 배치해야 혼자 집중할 수 있고 도구가 바닥에 잘 떨어지지 않습니다. 부모와 대면하는 배치 구조는 되도록 피해 주세요. 거실 식탁 등을 사용하는 경우에는 자녀가 앉아서 집중할 수 있는 배치 방법을 고민해야 합니다.
(5) 유치원 준비물도 스스로 정리할 수 있도록 합니다.

공예 도구, 크레파스, 가위, 풀, 스카치테이프 등은 위치를 정해서 정리해 두고 만들기 재료나 색종이, 도화지, 끈, 상자 등은 자유롭게 꺼내서 사용할 수 있도록 항상 일정량을 세트로 준비해 둡니다. 이때 필요 이상의 물건을 책상에 두지 않고 자녀가 사용할 물건을 스스로 선택할 수 있는 환경을 조성하는 것이 포인트입니다. "얼른 치워!", "얼른 정리해!"라고 혼내기 전에 아이가 혼자 치우고 정리할 수 있는 환경인지 아닌지를 재점검해 볼 필요가 있습니다. 아이가 혼자 할 수 있는 환경이 조성된다면 혼내는 횟수도 확연히 줄어들 것입니다.

● 활동을 지속할 수 있는 환경 조성

5세가 지나면 아이들이 하는 활동이 커지고 복잡해져서 하루에 다 끝내지 못하는 대작에 도전할 수 있게 됩니다. '내일 이어서 하자.'라는 말이 자녀에게 통한다면 일시적으로 기억해 두는 메모리 기능이 뇌에 생겼다는 뜻입니다. 자녀가 하던 활동이나 작업을 그대로 놔두었다가 다음날 이어서 다시 할 수 있도록 얕은 상자 뚜껑이나 쟁반 등을 준비해서 잠깐 덮어 둡니다. 몬테소리 유치원에서는 이러한 환경 조성에 세심한 주의를 기울입니다.

● 옷 정리(4세~)

글자에 관심이 생기는 4세 이후에는 아이 방의 옷장이나 서랍 등에 내용물을 적은 이름표를 붙여서 분류합니다. 이때 부모가 혼자 하는 것이 아니라 자녀와 함께 분류하고 작성하는 것이 포인트입니다. 가령 양말은 양말, 상의는 상의라고 서로 대화를 나누면서 작업하면 자녀는 정리정돈에 눈을 뜨게 됩니다.

어린이집이나 유치원에서는 자신의 옷을 옷걸이에 걸거나 보관함에 넣는 등 정리 규칙을 철저하게 지킵니다. 집에서도 이와 마찬가지로 아이용 옷걸이를 준비하고 스스로 옷을 거는 습관을 길러주세요. 입었다가 벗은 옷, 잠옷, 빨래 등을 일시적으로 넣어 두는 바구니도 세트로 구비합니다. 서랍 속을 꽉 채웠던 옷의 양을 줄이고 자녀의 현재 체형과 계절에 맞는 사이즈의 옷만 추려서 옷 서랍을 정리합니다.

자녀가 자발적으로 행동하길 바란다면 그 출발점은 '선택'입니다.

부모는 어떻게 하면 자녀가 혼자 선택할 수 있을지를 생각해야 합니다. 5세가 지나면 초등학교에 입학할 준비를 슬슬 해야 하므로 자녀가 자신이 할 수 있는 일을 인식하고 책상에 혼자 앉는 습관을 들일 수 있도록 도와줍니다.

어떤 장난감을 사 주는 게 좋을까?

● 신중한 구매와 처분

"저희 아이는 변덕이 심해서 장난감 하나에 집중을 못 해요…"라는 상담을 자주 받습니다. 아이가 다양한 것에 관심과 흥미를 나타내는 것은 기본적으로 나쁘지 않습니다. 그러나 장난감이 차고 넘치는 경우는 자칫 문제가 될 수 있습니다.

몬테소리 유치원에서는 필요한 교구를 엄선해서 아이들이 조금씩 꺼내어 활동하기 쉽도록 세트화합니다. 아이들이 자신의 힘으로

Point!

| 홈메이드 몬테소리 교육 |

- ☐ 책상과 의자를 마련한다.
- ☐ 정리정돈을 하라고 말하기 전에 자녀가 혼자 치우고 정리할 수 있는 환경인지 다시 한번 살펴본다.
- ☐ 부모와 함께 정리하면 아이는 정리에 눈을 뜨게 된다.
- ☐ 어떻게 하면 자녀가 혼자 선택하는 힘을 기를 수 있을지를 생각한다.

선택하고 집중하도록 하는 것이 그 목적입니다. 5세까지의 아이들은 여러 가지 선택지를 보여 주고 "어떤 걸로 할래?"라고 물으면 선택하기 어려워합니다. 양자택일, 즉 "둘 중에 어떤 걸로 할래?"라고 선택지를 좁혀서 묻는 것이 적절합니다.

여러분도 과거에 집에 텔레비전이 한 대뿐이고 특정 시간에만 볼 수 있었던 환경에서는 집중해서 텔레비전을 시청했던 경험이 있으실 겁니다. 하지만 지금은 텔레비전의 보급으로 한 대만 있는 가정이 드물고 다시 보기도 가능합니다. 게다가 유튜브를 통해서 언제 어디서든 자유롭게 볼 수 있는 영상이 넘쳐납니다. 환경이 이렇게 바뀌면서 어른들도 영상을 시청하는 방법이 점점 산만해지게 되었습니다. 이렇게 생각해 보면 자녀에게 장난감을 지나치게 많이 사 주는 것이 어떤 결과로 이어질지 미루어 짐작할 수 있을 것입니다.

너무 많은 장난감을 갖고 있지 않도록 조절하고, 자녀의 연령에 따라 바꿔 주기도 하려면 장난감을 정리하고 버리는 과정이 필요합니다. 이때 부모가 자녀의 의견을 묻지 않고 자기 마음대로 처분하는 것은 금물입니다. 연령에 맞지 않는 유치한 장난감이라도 아이가 애착을 느끼는 소중한 것일 수도 있습니다. 또한, 물건을 소중히 여길 줄 아는 마음을 길러 주는 것도 중요하므로 부모 마음대로 장난감을 처분하지 않습니다.

장난감을 정리하기 전에 먼저 자녀와 대화를 나누면서 양자택일로 필요, 불필요를 결정합니다. 더 이상 필요 없다고 판단한 장난감은 그동안 함께해 준 고마움을 되새기는 시간을 가진 후에 재활용으로 내놓거나 기부합니다.

● 미완성 소재로 놀며 생각하는 힘 기르기

3세 이후의 아이들은 장난감을 통해서 무언가를 고안하고 발명해 보는 경험을 얻을 수 있습니다. 발명은 불편함에서 탄생합니다. 이런 측면에서는 완성된 장난감을 사 주는 것보다 미완성의 소재를 제공하는 편이 상상력과 발명의 힘을 길러 주는 방법입니다. 예를 들어 스마트폰 게임은 손쉽고 재미있지만 아무리 즐겁고 흥미진진하더라도 프로그래머가 설정한 한계를 벗어날 수는 없습니다. 하지만 가위나 골판지 상자, 두꺼운 테이프로 만든 아이들의 비밀 기지는 놀기에는 불편할지 몰라도 생각하는 힘을 기를 수 있고, 스스로 놀이를 만들어 낼 수 있기 때문에 한계가 없습니다.

● 오픈 엔드와 클로즈 엔드 장난감의 균형 맞춰 주기

혹시 장난감에 '오픈 엔드'와 '클로즈 엔드'라는 두 가지 종류가 있다는 것을 아시나요? 먼저 오픈 엔드open end 스타일은 블록 쌓기나 레고 등과 같이 제한 없이 자유롭게 활동할 수 있는 장난감을 뜻합니다. 실바니안 패밀리 같은 인형집이나 프라레일, 토미카 같은 장난감은 아이들의 발상에 따라서 다양한 전개가 가능하므로 오픈 엔드 장난감으로 분류됩니다.

한편 퍼즐과 같이 일정한 활동 목표가 있고 그 목표를 달성하기 위해서 집중하는 장난감을 클로즈 엔드close end 스타일이라고 합니다. 퍼즐 조각의 개수나 난이도는 자녀의 성장에 맞추어 업그레이드해 줍니다. 보통 아이들은 너무 쉬우면 시시하다면서 쳐다보지 않으니 자녀의 수준에 맞추어 바꿔 주는 것이 좋습니다. 반면 너무 어려운 퍼즐을 구입한 경우에는 일단 보관해 두었다가 일정한 시

간을 두고 자녀를 관찰한 뒤 적절한 시기에 다시 꺼내 놓습니다. 퍼즐은 부모가 도와주지 않는 것이 철칙입니다. 명심하세요. 일단 한번 도와주기 시작하면 그 이후부터 계속해서 같이 해야 해서 아이가 퍼즐에서 얻을 수 있는 즐거움이나 효과가 반감됩니다.

아이에게는 오픈 엔드 스타일과 클로즈 엔드 스타일 모두 필요합니다. 장난감을 바꿔 줄 때는 의식적으로 이 두 가지 스타일을 균형 있게 섞어서 구성하는 것이 좋습니다.

● 교육용 완구 구매 시 주의점

'어차피 사 줘야 하는 장난감이라면 학습에 도움이 되는 것을 사 주고 싶다.'라는 부모의 마음을 이용한 교육용 완구가 시중에서 판매되고 있습니다. 이를 전면 부정할 생각은 없지만 몇 가지 주의해야 할 점이 있어 언급하도록 하겠습니다.

첫째, 자녀의 성장 과정에 맞지 않을 수 있습니다. 빨리 숫자를 알고 수 개념이 잡혔으면 하는 바람에 3세 아이에게 숫자 퍼즐을 사 주거나, 쓰기와 읽기 민감기가 아직 찾아오지 않았는데 쓰고 읽는 문제를 제시하는 장난감을 사 주는 등 자녀의 성장 과정에 맞지 않는 교육용 완구는 숫자와 글자를 기피하게 되는 부작용을 낳을 수 있습니다.

둘째, 움직이는 활동이 수반되지 않을 수 있습니다. 3세가 지나면 아이들은 무엇이든지 움직이면서 배웁니다. 손가락을 사용해서 작업을 수행할 수 있는 활동을 제공해 주어야 합니다. 자리에 가만히 앉아서 보기만 하는 교육용 완구는 의미가 없습니다.

셋째, 사고력 성장을 저해할 수 있습니다. 방법과 정답이 정해져 있는 교육용 완구는 생각하는 힘이나 응용력을 발휘할 수 없어서 아이의 창의적인 발상과 발전을 방해합니다.

교육용 완구의 문제점은 장난감 자체에 있는 것이 아니라 그것을 선택하는 부모의 심층 심리에 있습니다. 교육용 완구를 사 주면서 '다른 아이보다 글자나 숫자를 빨리 읽을 수 있으면 좋겠다', '나중에 공부하는 데 유리하게 작용했으면 좋겠다.'라고 바라는 부모의 마음이 오히려 자녀의 성장을 방해합니다. 남들보다 빨리 지식을 쌓는 것이 곧 똑똑한 것이라고 생각하는 시대는 이미 지났습니다.

Point!

| 홈메이드 몬테소리 교육 |

- ☐ 장난감은 자녀의 성장에 맞춰 업그레이드한다.
- ☐ 장난감에는 오픈 엔드와 클로즈 엔드, 두 가지 종류가 있다.
- ☐ 교육용 완구를 선택할 때는 주의가 필요하다.

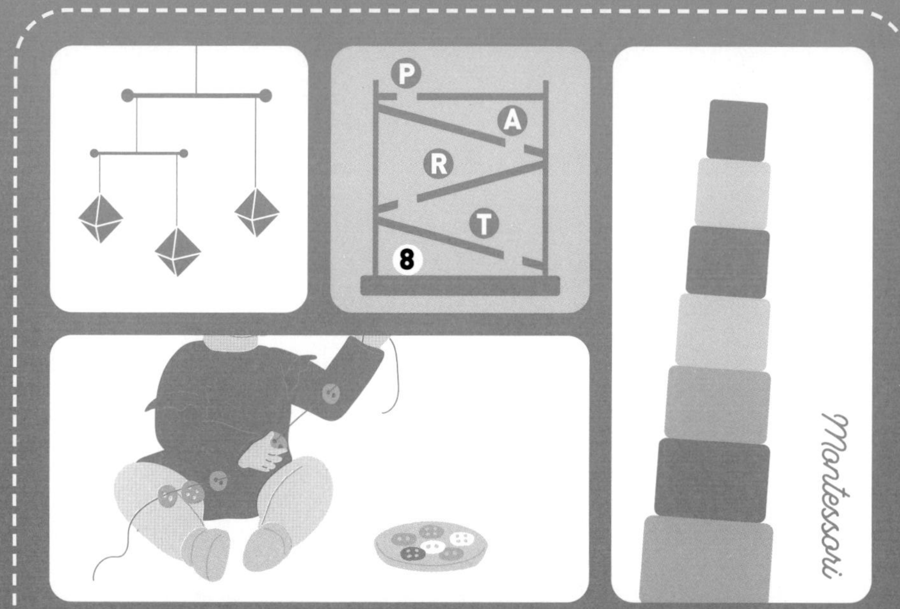

'어른들을 따라 하고 싶어요!' 문화와 예절 민감기

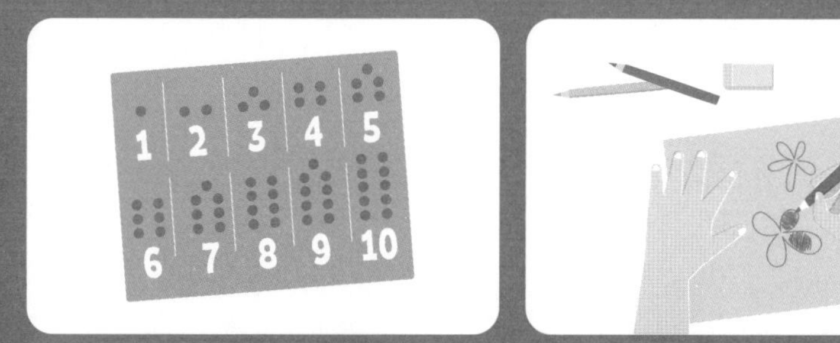

홈메이드 몬테소리 활동 : 예절

아이는 보고 들은 것을 그대로 모방한다

인간은 다양한 환경에서 살 수 있습니다. 북극에서도, 적도에서도, 물가에서도, 산속에서도 어떻게든 살 수 있습니다. 지구상에 이런 생물이 또 있을까 싶을 정도입니다. 아프리카에 서식하는 기린을 북극으로 데려간다면 어떨까요? 또 북극에 서식하는 북극곰을 아열대 지역으로 데려간다면 어떨까요? 아마도 바뀐 환경에 적응하지 못하고 금방 죽고 말 것입니다. 그러나 인간은 그렇지 않습니다. 인간의 적응력이 얼마나 대단한지 새삼 깨닫게 됩니다.

인간은 태어난 곳의 지역적 환경과 기후에 맞추어 의복을 만들고, 각 지역에서 채집할 수 있는 식물을 가공하고 조리해서 먹습니다. 그리고 거주 지역의 문화와 풍습, 예절을 익힙니다. 이렇게 환경에 적응하지 못하면 살아남을 수 없기 때문에 아이들은 주변에서 일어나는 일을 관찰하고 모방하는 등 보고 들은 것들을 열심히 흡수하는 것입니다. 이때 아이들은 본 것과 들은 것을 있는 그대로 흡수하므로 선악을 판단하지 않는다는 점에 주의해야 합니다. 본보기가 되는 부모의 말과 행동이 왜 중요한지 잘 알 수 있는 대목입니다.

❶ 습관 재점검하기

자녀가 없을 때 부모 자신의 말투나 행동, 습관을 재점검해 볼 것을 권장합니다. 제 경우를 예로 들면 아이들에게 막상 올바른 젓가락 사용법을 알려 주려고 보니 저 자신부터 솔선수범해서 고쳐야겠다는 생각이 들었습니다. 솔직히 오랫동안 굳어진 습관을 고치기란 여간 힘든 일이 아니었습니다. 하지만 부모로서 자식을 소중히 여기는 마음이 있었기에 가능했습니다.

❷ 가정에서 지켜야 할 예절 교육하기

우선, 자녀에게 알려 줘야 할 올바른 예의범절과 가족 행사를 목록으로 만듭니다. 그 목록에 따라서 올바른 방법을 예행 연습합니다. 엄마와 아빠가 먼저 시범을 보여 주고 역할을 바꾸어 아이가 스스로 해 볼 수 있도록 해 주세요. 이 시기의 아이들에게는 매우 설레고 즐거운 경험입니다.

● 인사 예절

인사는 습관입니다. 부모가 자녀에게 인사를 건넨 후 눈을 바라보고 대답을 기다립니다. 자녀가 먼저 인사를 했다면 먼저 인사를 건넨 행동을 칭찬하고 인정해 줍니다. 자녀에게 부탁할 때는 "○○해 주세요."라고 말하고 자녀가 해 주면 "고마워."라고 말합니다. 자녀가 고마움을 전하는 말을 적절한 타이밍에 건넬 수 있도록 가르치는 인사 교육 역시 인생에서 매우 중요합니다.

잘못된 행동을 하거나 실수를 했을 때는 "미안합니다", "죄송합니다."라고 사과할 줄 알아야 합니다. 실제 경험이 가장 중요하기 때문에 타이밍을 놓치지 말고 반드시 제때 가르칩니다. 이때 사과만 하고 끝내는 것이 아니라 자녀에게도 나름의 이유가 있을 테니 5세 이후부터는 자녀의 생각을 물어보고 배움의 장으로 만들어 나갑니다.

● 기침이나 재채기가 나왔을 때의 예절

부모가 주변 사람을 배려하는 행동과 방법을 자녀에게 먼저 보여 줍니다. 마리아 몬테소리가 아이들에게 코를 예쁘게 푸는 방법을 보여 줬을 때의 일화가 있습니다. 그 우아하고 멋진 모습에 아이들이 너도나도 박수를 쳤다고 합니다. 어른 중에 아이들에게 코를 푸는 방법을 진지하게 가르쳐 주는 사람이 없었던 모양입니다.

● 식사 예절

자녀의 성장에 맞추어 집에서 지켜야 할 식사 예절을 재점검해야 합니다. 젓가락질 바르게 하기, 식사 시간에 큰 소리로 떠들지 않기 등을 포함해서 만일 부모도 고쳐야 할 점이 있다면 솔선수범해서 먼저 고치도록 합니다. 다 큰 어른이 오래 굳어진 습관을 고치려면 꽤 힘들겠지만 자녀가 미래에 사회로 나갔을 때 창피를 당할 수도 있다고 생각하면 부모로서는 못할 일이 없을 것입니다.

● 문을 열고 닫는 예절

몬테소리 교육의 커리큘럼에는 '예의 바르게 문을 열고 닫기'라는 것도 있습니다. 다양한 스타일의 여닫이와 미닫이문을 큰 소리가 나지 않도록 조심스럽고 예의 바르게 열고 닫는 습관을 그룹을 지어 연습합니다. 집에서도 꼭 해 보기를 바랍니다.

예를 들어 미닫이의 경우 문을 열고 닫기 위해서는 다음과 같은 일련의 과정이 필요합니다. '손잡이에 손을 대고 살짝 연다 → 살짝 열린 문틈으로 손을 넣는다 → 통과한다 → 소리가 나지 않도록 조용히 닫는다'. 부모가 이 동작들을 천천히 우아하고 즐겁게 하는 것을 시범으로 보여 주면 분명히 아이는 즐겁고 신이 나서 그대로 따라 할 것입니다.

● 의자를 넣고 빼는 예절

의자를 드르륵 바닥에 끌면서 소란스럽게 정리하는 어른이 많습니다. 이는 적절한 시기에 적절한 본보기를 보지 못하고 자랐기 때문입니다. 몬테소리 유치원에서도 의자를 넣고 빼는 연습을 합니다. 의자에 앉을 때는 의자를 조심히 살짝 들어서 꺼내어 앉고 의자를 끄는 소리가 나지 않도록 천천히 책상 앞으로 당깁니다. 의자에서 일어날 때는 의자를 뒤로 확 밀지 않고 살포시 일어나서 큰 소리가 나지 않도록 정리합니다. 집에서는 부모가 이런 모습을 자녀에게 본보기로 반드시 보여 주세요.

● 물건을 조용히 들고 놓는 예절

아이들은 조심성 없이 물건을 막 다루곤 합니다. 아무리 "조용히!

조심히! 제자리에!"라고 잔소리를 해도 그 의미를 잘 알아듣지 못합니다. 몬테소리 유치원에서는 교사가 물건을 조심히 드는 방법이나 소리가 나지 않도록 내려놓는 방법을 아이들에게 본보기로 보여 줍니다. 아이들은 아름답고 멋진 교사의 동작을 조용히 숨죽여 관찰한 후에 그대로 따라합니다. 이 시기의 아이들은 '모방의 천재'입니다.

● 손님을 맞이하는 예절

손님맞이는 아이들에게 특별한 이벤트와 같습니다. "실내화는 여기 있어요!", "이쪽으로 앉으세요!", "물수건은 여기 있어요!"라고 말을 건네고 손님에게 칭찬을 받으면 단숨에 습관으로 정착됩니다.

❸ 공공장소에서 지켜야 할 예절 교육하기

집 밖은 자신과 가족 이외의 사람이 존재하는 공공의 장소입니다. 이 시기의 아이들은 자신 이외에도 다른 사람이 존재하고 각각 저마다의 생각과 의견이 있다는 것을 어렴풋하게나마 이해하기 시작합니다. 따라서 공공장소에서 지켜야 하는 규칙과 예절을 익힐 수 있는 절호의 기회라고 할 수 있습니다.

● 대중교통을 이용할 때 지켜야 할 예절

버스나 지하철을 타기 전에 '뛰지 않기', '큰 소리로 말하지 않기'

등 대중교통을 이용할 때 지켜야 할 최소한의 예절과 규칙을 자녀에게 일러 주고 직접 따라서 말하도록 합니다. 자녀가 잘 알아들었는지 확인하는 작업입니다. 다른 사람에게 불편을 끼치지 않는 배려와 안전에 대해서 설명해 줍니다.

● 자리 양보하기

아이가 지하철, 버스 안에서 혼자 잘 설 수 있게 되면 노약자나 임산부, 장애인 등 교통 약자에게 자리를 양보하는 법을 교육합니다. 부모가 양보하는 모습을 보여 주면 자녀는 스스로 학습할 것입니다. 자리를 양보할 때 "여기 앉으세요!"라고 말을 거는 행동은 사실 어른에게도 용기가 필요한 일입니다. 만일 자녀가 누군가에게 자리를 양보했다면 용기와 아름다운 선행을 인정해 주고 칭찬해 줍니다.

● 가게에서 지켜야 할 예절

쇼핑을 하거나 물건을 사러 가기 전에 자녀에게 '다른 사람도 사야 하는 물건이니 마음대로 만지지 않기', '위험하니까 뛰어다니지 않기' 등 공공장소에서 지켜야 할 규칙과 예절을 미리 알려 줍니다. 그리고 만일 오늘은 과자를 사지 않기로 약속했다면 자녀가 아무리 울고 떼를 써도 사 주지 않습니다.

● 곤란에 처하거나 길을 잃었을 때 대처 방법

자녀에게 혼자 하기 어려운 일이 생겼거나 곤란에 처했을 때 주변 어른에게 도움을 청하는 법을 가르쳐 줍니다. 5세 이후에는 길을 잃어버렸을 때를 대비해서 집 주소나 보호자 휴대폰 번호 등을 외워서 말할 수 있도록 교육합니다. 즐겁게 암기 놀이를 하듯 연습하도록 해 주세요. 이는 재해가 발생했을 때도 큰 도움이 됩니다.

● 다른 사람의 앞이나 뒤를 지날 때

다른 사람의 앞이나 뒤를 지나갈 때 "실례합니다."라고 명확하게 잘 들리도록 말하는 사람이 몇이나 될까요? 부모가 자녀에게 본보기를 보여 주면 자녀도 상대방에게 잘 들리도록 예의 바르게 말하고 지나가게 됩니다. 몬테소리 유치원에서는 이런 상황을 놀이하듯이 연습합니다. 가정에서도 역할을 바꿔가며 연습해 보세요. 그렇게 말을 건네는 사람의 친절함은 직접 겪어 봐야 알 수 있기 때문입니다.

● 쓰레기를 발견했을 때

집에서든 밖에서든 쓰레기는 반드시 누군가가 치워야 한다는 점을 자녀와 함께 생각해 봅니다. 그리고 어차피 누군가 치워야 하는 쓰레기라면 버리기보다 줍는 사람이 되자는 이야기를 나누어 봅니다.

Point!

| 홈메이드 몬테소리 교육 |

- ☐ 인간은 태어난 지역의 관습에 적응하는 능력이 있다.
- ☐ 부모는 자녀에게 본보기가 될 자신의 행동과 예절을 먼저 점검한다.
- ☐ 예의범절을 즐겁게 놀이하듯이 습득한다.

가치관 정립하기

올바른 선택을 할 줄 아는 아이

앞으로의 미래에는 부모가 자녀의 행동을 직접 보고 파악하기가 점점 더 힘들어질 것입니다. 과거에는 자녀가 친하게 지내는 친구나 즐겨 보는 TV 프로그램, 자주 가는 장소 등을 대부분 알 수 있었습니다. 왜냐하면 한 가정에 전화기도 한 대, 텔레비전도 한 대라서 온 가족이 모여 앉아 텔레비전도 다 같이 시청하고 모든 것을 공유했기 때문입니다. 또한, 자녀와 친하게 지내는 친구도 같은 반 친구이거나 동네 친구로 한정적이었습니다. 자녀의 행동이 마치 선처럼 이어져 그 선을 따라가면 교제 범위를 쉽게 파악할 수 있었습니다.

그러나 현대 사회는 다릅니다. 1인 1스마트폰의 시대가 열렸습니다. 아이들의 커뮤니티는 카카오톡, 인스타그램, 트위터 등 스마트폰 속에 존재합니다. 가족이 한자리에 모여 앉아 텔레비전을 시청하는 일은 확연히 줄었고 아이들은 자기 방에서 유튜브를 시청하거나 스마트폰 게임에 푹 빠져 지내는 것이 현실입니다. 교제 범위는 선에서 점으로 바뀌어 온라인을 통해 지구 반대편에 사는 사람들과도 손쉽게 대화를 나눌 수 있는 시대가 되었습니다. 최근 청소년 범죄에 관한 뉴스에서는 '온라인 게임으로 알게 된 것이 시작이었다.'라는 말을 자주 들을 수 있습니다. '해시태그(#)' 뒤에 자신이 좋아하는 게임명만 넣어도 그 게임을 좋아하는 전 세계 사람들과 단숨에 연결되는 시대입니다. 자녀가 누구와 어디서 어떻게 만나고 있고 어떤 대화를 나누는지, 이제 부모는 점점 알 길이 없습니다.

자녀가 사춘기에 접어들면 상황은 더욱 심각해집니다. 부모와 자녀 간의 대화가 현저히 줄어들거나 어느 날 갑자기 뚝 끊기기도 합니다. 집단 괴롭힘, 따돌림, 절도, 불법 약물 등 자녀가 접하지 않았으면 하는 정보도 온라인을 통해 여기저기서 날아듭니다. 사춘기 자녀가 이런 위험한 속삭임에 현혹될 때 부모는 100% 그 자리에 함께 있을 수 없습니다. 결국 자녀가 그 자리에서 그 순간에 내린 결단을 믿을 수밖에 없는 것입니다.

그렇다면 자녀가 이런 위험한 속삭임에 현혹되거나 잘못된 행동을 저질렀을 때 스스로 멈출 수 있으려면 어떤 마음가짐과 어떤 힘이 필요할까요?

'엄마가 걱정하시니까 집에 돌아가자', '아빠한테 혼날지도 모르니까 그만두자', '할머니께 실망을 안겨 드릴 수는 없어!'라는 생각일 수도 있고, '친구에게 상처를 주면 안 돼!'라는 어린 시절 친구와의 다툼에 대한 기억일 수도 있을 것입니다. 또는 '거짓말을 하면 안 된다.'라는 선생님의 가르침이나 '언제든 하나님께서 지켜보고 계신다.'라는 종교적인 믿음일 수도 있습니다. 어떤 것이든 결국 마음속 깊은 곳에 자리 잡은 정의감, 윤리관, 도덕관이 아이가 내리는 판단의 기준이 될 것입니다. 그리고 이런 판단의 밑거름이 되는 가치관이 바로 3~6세의 '문화와 예절 민감기'에 완성됩니다.

이 시기의 아이들은 자신이 생활하는 세계를 좀 더 알고 싶다는 강한 충동에 이끌려 문화와 관습, 예절 등을 흡수해 나갑니다. 그러면서 정의감과 윤리관, 도덕관의 싹이 트고 가치관의 토대를 이룹니다. 이때 아이들이 보고 자라며 흡수하는 본보기가 바로 부모의 말과 행동입니다. 평소 부모의 대화 방식이나 생활 모습, 주변 어른의 태도와 사고방식이 아이들의 기준이 되는 것입니다.

아이는 어린이집이나 유치원에서 친구와 어울려 놀거나 협력해서 무언가를 이루어 내면 기쁨을 느낍니다. 친구와 다투어 기분이 나빠졌다가 다시 화해하기도 합니다. 아이들은 이렇게 겪은 모든 경험을 스펀지처럼 흡수해 나갑니다. 종교를 믿는 가정에서 자라거나 종교 재단의 어린이집, 유치원에 다니는 아이들은 종교적 가치관을 그대로 흡수하기도 합니다. 여러 가치관이 존재할 미래에는 마음의 안식처로서 종교가 하는 역할의 중요성이 커질지도 모릅니다.

이 시기에 올바른 예절과 행동을 몸에 익히면 아이를 둘러싼 주변 사람들의 반응도 달라집니다. 그리고 상대방에게 기분 좋은 반응을 얻은 아이는 자신에 대한 긍정감이 높아집니다. 이 시기에 정립된 올바른 가치관이야말로 미래에 자녀가 행복한 인생을 보내고 위험한 유혹에 빠지지 않으며 설령 빠지더라도 스스로 멈출 수 있게 하는 힘이 될 것입니다.

앞으로는 공개적으로 흘러나오는 정보가 모두 옳다고 장담할 수 없는 시대로 진입할 것입니다. 그렇게 되면 항간에 가짜 뉴스가 떠돌 수 있으므로 자신의 가치관으로 옳고 그름을 판단하는 능력이 더욱 중요해집니다. 이러한 사고방식을 '비판적 사고'라고 합니다.

'비판적'이라고 하면 부정적인 이미지를 떠올리기 쉬운데, '비판적 사고'란 정보를 있는 그대로 받아들이는 것이 아니라 '진짜인지 가짜인지 의심하고 자신의 생각으로 판단하는 힘'을 말합니다. 'AI가 내린 판단이니까 옳겠지.'라고 그대로 받아들이는 것이 아니라 자신의 필터를 통해서 자신의 머리로 생각하고 피부로 느끼는 판단이 필요한 것입니다. 그 기초가 되는 것이 3~6세에 세상을 탐구하며 직접 느끼고 깨닫는 경험입니다.

Point!

| 홈메이드 몬테소리 교육 |

- ☐ 자녀가 사춘기에 접어들면 자녀의 결단을 믿을 수밖에 없다.
- ☐ 유아기에 정립된 가치관, 정의감, 윤리관은 평생 삶의 토대가 된다.
- ☐ 앞으로는 자신의 머리로 진짜인지 가짜인지를 비판적으로 생각하는 힘이 중요하다.

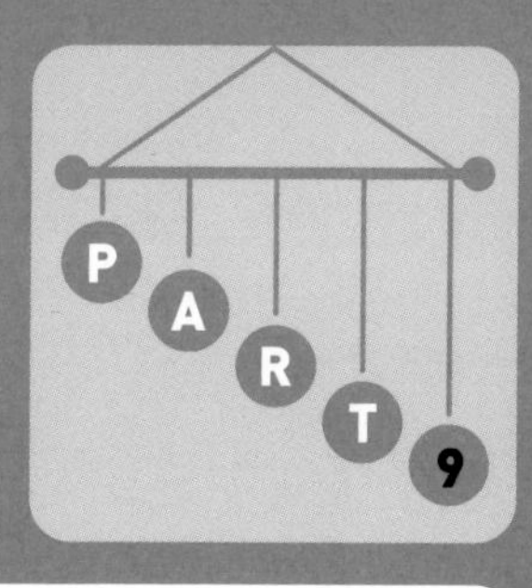

Montessori

부모도 레벨 업이 필요하다

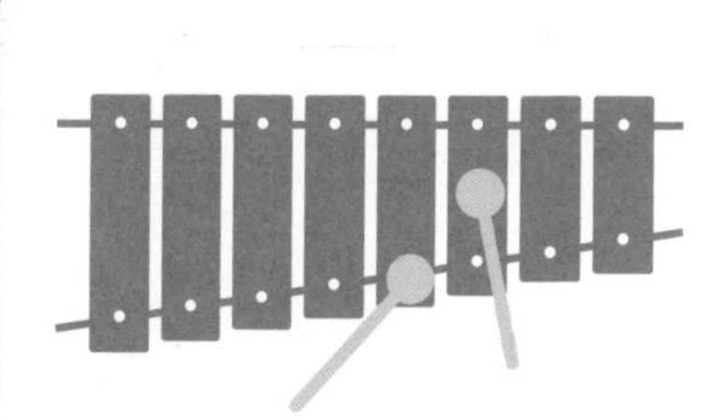

혼내기와 칭찬하기

우리 아이 '잘' 혼내는 법

부모가 자녀의 민감기에 대해서 예습하고 자녀를 바라보는 시각을 바꾸면 혼내는 횟수가 점차 줄어듭니다. 그런데도 만일 자녀를 혼내야 할 때가 있다면 어떻게 하면 좋을까요? 혼낸다는 것의 의미는 무엇일까요?

육아의 최종 목적이 자녀가 혼자 잘 살아갈 수 있도록 돕는 것이라면 미래에 자녀가 자기 인생을 사는 데 필요한 가치관을 진지하게 알려 주는 것이 바로 혼낸다는 것의 의미가 아닐까 싶습니다. 부모에게 이 부분에 대한 확고한 신념이 있다면 체벌은 논외로 하고 자신감을 가지고 자녀를 혼내야 한다고 생각합니다. 그래야 자녀도 부모의 꾸지람이 자신에 대한 사랑과 애정이라고 생각하고 받아들일 수 있습니다.

그런데 만일 혼내는 것이 귀찮아서, 혹은 아이에게 미움을 사고

싫지 않아서 자녀가 고쳐야 할 행동을 간과하고 내버려 둔다면 이는 자녀에 대한 애정 부족이라고밖에 볼 수 없습니다. 다만 3세를 경계로 혼내는 방법에는 변화가 필요합니다.

● 짧고 진지하게 혼내기

3세가 지나면 아이들은 부모가 하는 말을 거의 다 들을 수 있습니다. 다만 그 의미까지 이해할 수 있는 경우는 많지 않으니 전달하는 방법과 어조를 바꿔야 합니다. 언어가 통하게 되는 만큼 아이도 얼버무리기, 핑계 대기, 말 돌리기, 웃음으로 회피하기 등 다양한 방법으로 대응하기 시작할 것입니다. 그렇기에 부모의 신중함과 진지함이 더욱 필요합니다.

혼을 낼 때만큼은 자녀의 눈을 직시하고 도망치지 못하도록 해야 합니다. 말을 돌리고 회피하려고 하거나 웃음으로 무마하려는 태도를 보여도 단호한 목소리와 태도로 진지하게 대합니다. '늘 상냥한 엄마, 아빠가 단호한 태도를 보이면 진심으로 나를 혼내는 중이구나.'라는 판단 기준을 자녀에게 심어 주는 것입니다. 이때 혼을 내야 할 순간에 곧바로 단호한 태도를 취하는 것이 중요합니다. 자녀가 장난이나 웃음으로 모면하려는 행동을 보인다면 이전에 그런 행동으로 혼내는 상황을 슬쩍 넘어갔던 경험이 있기 때문입니다. 아빠나 엄마, 조부모 등 주변 어른 중 누군가가 그런 반응을 보였을 가능성이 크니 주의하도록 합니다.

또한, 길게 혼내지 않는 것도 중요합니다. 부모에게 호되게 혼이 나고 처음에는 반성하던 아이도 길고 지루하게 혼이 나면 속으로 딴생각을 하기 시작합니다. 자녀를 혼낼 때는 짧고 단호하게 혼낸 뒤 "알았지?"라고 묻고 아이가 "네." 혹은 "죄송합니다."라는 답변을 한 뒤에는 곧바로 상황을 전환해서 다시 일상생활로 돌아오는 것이 중요합니다.

● 논리적으로 대화하기

3세까지는 이해력이 낮아서 가령 "지금 자야지~ 안 그러면 도깨비가 잡아간다!" 같은 속임수가 통합니다. 그러나 월령이 올라가면 아이 입에서 "도깨비가 어디 있어!"라는 말이 나옵니다. 그래서 혼내는 방법에도 레벨 업이 필요합니다.

3세가 지났다면 더 이상 아기처럼 취급하지 말고 어른을 대하는 말투와 논리로 자녀를 대해야 합니다. 또한, 4세 이후가 되면 아이도 자기 나름의 이유를 말하기 시작합니다. 이런 행동 자체는 나쁘지 않습니다. 단순한 핑계가 아니라면 아이가 자기 나름대로 생각한 이유이므로 무시하거나 그대로 덮지 말고 "그랬구나~ 너는 그렇게 생각했구나!"라며 진지하게 들어주고 대화를 이어 나가는 것이 좋습니다. 자신의 생각과 감정을 말로 표현하는 것은 3~6세에 반드시 체득해야 하는 요소입니다. 이런 전조 징후를 보이는 자녀의 모습을 잘 알아차릴 수 있는 부모가 되었으면 합니다.

● 타인에 대한 배려 가르치기

0~3세까지의 아이들은 매우 자기중심적입니다. 제3자의 기분이나 존재 자체를 전혀 이해할 수 없습니다. 친구의 장난감도 모두 자기 것으로 여기는 이유가 바로 그 때문입니다. 그러나 4세가 지나면서부터 세상에는 자신 이외의 사람이 존재하고 저마다 감정이 있다

는 것을 깨닫기 시작합니다. 이것이 67페이지에서 다뤘던 '타인에 대한 배려'의 시작입니다. 몬테소리 유치원에서도 상급반이 되면 그룹 활동을 통해 서로 힘을 합치고 돕는 '협동'에 대해서 배웁니다. 훈육을 할 때도 이 점을 고려해서 "친구는 어떤 기분이었을까?", "이렇게 놔두면 다음번에 사용할 사람은 어떻게 하지?" 등의 질문을 통해 자녀가 생각할 수 있는 시간을 가질 수 있도록 합니다.

● 혼낸 후에 한 번 더 생각하기

3세가 지나면 아이들은 집착이 심해지고 개인적인 취향이나 개성이 뚜렷해집니다. 특히 아들을 키우는 엄마의 경우 아들의 색다른 행동은 이해하기 어려운 경우가 많습니다. 귀에 거슬리는 단어를 사용해서 신경이 쓰이는 때도 이 시기입니다. 주변 친구들의 영향이 강해서 '똥', '오줌' 등 눈살을 찌푸리게 만드는 단어를 일부러 말하고 남자아이들끼리 낄낄대는 모습은 어느 시대에나 흔히 볼 수 있는 광경입니다. '나는 하면 안 되는 말을 할 수 있는 용기 있는 사람이야! 너도 한번 말해 봐! 우리는 친구잖아!'와 같은 연대감을 한창 습득하는 중인 것입니다. 이런 모습에 부모가 과민하게 반응하면 더 하고 싶은 것이 이 시기 남자아이들의 특징이므로 조용한 시선으로 바라보는 것이 제일 좋은 대처법입니다.

만일 "그러면 안 되지!"라고 혼을 냈다면 혼낸 후에 '과연 아이가 진심으로 하고 싶었던 것은 무엇일까?'를 되돌아볼 수 있는 여유를 가졌으면 합니다. 또한, 자녀의 민감기에 맞추어 혼내지 않을 수 있는 환경을 조성하거나 혼내지 않고 해결할 수 있는 다른 방법은 없는지 등 발전적인 생각을 해 보길 바랍니다.

몬테소리 교사는 칭찬을 하지 않는다?

몬테소리 교사는 칭찬하는 행위를 하지 않습니다. 저 역시도 마찬가지입니다. 왜냐하면 민감기의 아이들은 자신의 의지로 현재 자신의 성장에 필요한 활동을 선택하고 집중하고 있기 때문입니다. 다른 사람에게 보여 주기 위한 것도 아니요, 교사나 부모에게 칭찬을 받기 위한 것도 아닙니다. 그래서 무조건 칭찬하는 행위는 오히려 아이에게 실례입니다. 다만 '인정'의 행동은 적극적으로 보여 줍니다. '네가 혼자서 끝까지 열심히 한 것을 내가 확실하게 지켜봤다', '네가 한 행동으로 주변 사람이 큰 도움을 받았다. 정말 고맙다.'라고 말이나 태도로 분명하게 전달합니다.

우리 어른은 자신의 입장에서 아이가 바람직한 행동을 했을 때 과도하게 칭찬을 하고 다음에도 그런 행동을 하게끔 유도하려고 합니다. 이렇게 부모가 아이를 치켜세우는 행동을 자주 보이면 아이는 어른이 보지 않는 곳에서는 그런 행동이나 활동을 하지 않게 됩니다.

어느 몬테소리 유치원을 견학했을 때의 일입니다. 40명 가까이 되는 여러 연령대의 아이들이 뒤섞인 반을 베테랑 교사가 홀로 지도하고 있었습니다. 교사는 교실 한가운데에 앉아 있었고 아이들은 자율적으로 다양한 활동을 선택하고 집중했습니다. 아이들은 각자 자신의 활동이 끝나면 교사에게 다가가서 자신의 활동물을 보여 주었는데, 이때 교사는 칭찬하지 않았습니다. 다만 함박웃음을 지으며 "좋겠다!", "다행이네~"라는 말을 건넬 뿐이었습니다. 아이들은 흡족한 표정을 지으며 또다시 각자의 활동으로 돌아갔습니다.

이 몬테소리 교사는 교사와 원생이라는 입장을 넘어서 동등한 인간으로서 경의를 갖고 마치 친한 친구에게 말을 걸듯이 '네가 한 활동이 끝까지 잘 되어서 정말 다행이다. 잘됐다.'라는 인정의 메시지를 전달하고 있었던 것입니다. '이 얼마나 고차원의 정신적 관계인가?' 하고 깊은 감명을 받았습니다.

Point!

| 홈메이드 몬테소리 교육 |

- ☐ 부모는 칭찬하는 방법과 혼내는 방법을 업그레이드해야 한다.
- ☐ 자신의 생각을 전달하는 것이 중요한 연령대이다.
- ☐ 자녀의 민감기를 이해함으로써 혼내지 않아도 되는 환경을 고민한다.
- ☐ 칭찬하기보다 인정하고 고마움을 전한다.

자녀를 망치는 부모의 말버릇

육아의 10가지 금기어

자녀를 혼내거나 꾸짖는 일은 부모로서도 많은 에너지를 소비하게 되는 일입니다. 게다가 아무런 성과도 없이 역효과를 낳는 경우도 허다합니다. 훈육할 때 부모가 부주의하게 내뱉은 말버릇이 자녀의 미래에 악영향을 미치기도 합니다. 이번에는 부모가 무심코 내뱉기 쉬운 말버릇들을 살펴보도록 하겠습니다. 자녀와의 관계를 업그레이드하는 데 도움이 되기를 바랍니다.

❶ "그러면 안 되지!"

아이는 하면 안 된다는 사실은 이해하지만 '그렇다면 어떻게 하면 좋은지'를 모르기 때문에 이 말은 실질적으로 효과가 없습니다. 예를 들어 "의자 위에 서면 안 되지!"라고 혼을 내도 아이는 그럼 어떻게 하면 좋을지를 모릅니다. 이때는 "엉덩이를 딱 붙이고 앉아야 하는 거야."라고 구체적인 행동을 말로 전달해 줍니다.

❷ "제대로 해."

이 역시 마찬가지입니다. 아이는 어떻게 하는 것이 제대로 하는 법인지를 모르므로 거의 효과가 없습니다. 말보다는 부모가 먼저 제대로 하는 방법을 그 자리에서 자녀에게 시범으로 보여 주는 것이 좋습니다. 특히 어려운 부분은 천천히 여러 번 보여 줍니다.

❸ "빨리 해!"

사실 아이의 입장에서 생각해 보면 서두를 이유가 전혀 없습니다. 자녀에게 이유를 명확하게 말하고, 도와주거나 협력해 줬으면 좋겠다고 말하는 것도 때로는 필요합니다. 또한 4세 이후부터는 경쟁하기를 좋아하므로 스톱워치나 키친 타이머 등을 활용해서 시간 목표 개념을 익힐 수 있는 여러 가지 방법을 생각해 봅시다.

❹ "몇 번이나 말해야 해?"

부모가 자녀에게 같은 것을 여러 번 말하게 된 데에는 분명히 이유가 있을 것입니다. 자녀를 잘 관찰하고 원인을 찾아봅시다. 여러 번 말을 해도 모르는 것은 본보기를 보여 주면서 해결해 나갑니다.

❺ "또 그랬어?", "그럴 줄 알았어."

앞서 말한 것과 마찬가지로 여러 번 반복하는 행동에는 분명히 문제를 일으키는 전조 증상이 있었을 것입니다. 과거에 어떤 상황에서 그런 행동을 했었는지 분석해 보고 해결의 실마리를 찾습니다. 물리적으로 무리한 원인이 있는 경우에는 환경을 재점검해 보아야 합니다.

❻ "엄마/아빠가 대신해 줄게."

얼핏 친절하고 자상하게 들리는 말이지만 '어차피 너는 못 하니까', '차라리 내가 하는 게 빠르니까'라는 부모의 심층 심리가 반영된 말입니다. 대행이 반복되면 자녀는 부모의 지시가 없으면 아무것도 못 하는 수동적인 사람으로 자랍니다. 각별히 주의해야 하는 말버릇입니다.

❼ "거봐, 엄마/아빠가 그랬지?"

자녀의 가능성을 잠재적으로 믿지 못하는 말버릇입니다. 자녀가 모처럼 혼자 열심히 해냈는데 부모에게 이런 부정적인 말을 들으면 '역시 엄마, 아빠가 없으면 난 아무것도 못 해…'라며 자기긍정감의 싹이 꺾이고 맙니다. 이러한 의존 관계가 한번 성립되면 사춘기까지 지속되므로 각별히 주의해야 합니다.

❽ "어떻게 하면 좋을까?"

자녀에게 "어떻게 하면 좋을까?"라고 묻는 것은 얼핏 아이의 자주성을 키우는 말처럼 들릴 수 있지만 사실은 전혀 그렇지 않습니다. 부모가 원하는 답은 이미 정해져 있고 그 말을 자녀가 해 주기를 기다리는 경우가 대부분입니다. 이는 정답을 강요하는 말로 자녀의 자주성을 짓밟는 행위입니다.

❾ "네 언니(형제자매)는 안 그랬어", "같은 반 친구 ○○이는 이렇다던데~"

다른 사람과 비교해서 아이를 통제하려는 육아 방법은 백해무익합니다. 남과 비교해서 혼이 난 아이는 '열등감'을, 남과 비교해서 칭찬을 받은 아이는 '멸시'의 감정을 품게 됩니다. 특히 형제자매의 관계는 평생 지속되므로 비교로 받은 마음의 상처는 평생 잊히지 않고 고스란히 남습니다. '남과 비교하는 육아는 하지 않겠다.'라고 부모가 명심, 또 명심하고 각별히 주의해야 합니다.

❿ "역시 유전이야!", "피는 못 속여!"

어른인 부모가 수긍하기 쉽다는 이유로 모든 것을 유전으로 해결하려고 하는 말버릇입니다. 그런데 모든 것을 유전 탓으로 돌리면 자녀는 스스로 성장해야 하는 의미를 잃고 맙니다. 부주의하게 이런 말에 자주 노출되면 아이의 머릿속에는 '어차피 유전이라 어쩔 수 없어!'라고 각인됩니다. 부모와 조부모를 비롯한 다른 어른들에게도 듣기 쉬운 말이니 주의하도록 합니다.

마리아 몬테소리는 의사였지만 직접 집필했던 방대한 문헌 속에 '유전'이라는 단어를 단 한 번도 언급하지 않았습니다. 몬테소리는 '아이들은 모든 것을 할 수 있는 능력을 지니고 태어난다. 만일 못한다면 물리적으로 불가능한 환경에 처해 있거나 어떻게 하면 좋을지 그 방법을 모를 뿐이다.'라는 생각을 끝까지 굽히지 않았습니다.

모든 아이는 다르다

'남자아이니까, 여자아이니까'

몬테소리 교육에는 남녀, 즉 성별에 따라서 행동 대응을 달리 하는 내용이 전혀 없습니다. 열악한 남녀평등 의식과 차별적인 시대적 통념에 맞서 싸우며 이탈리아에서 첫 여의사가 된 마리아 몬테소리는 단 한 번도 남녀의 능력 차이에 대해서 생각해 본 적이 없었을 것입니다.

그런데 100여 년이나 지난 현재에 이르러 성별gender에 개방적인 시대가 열렸는데도 '남자아이니까, 여자아이니까'라는 편견을 갖는다면 그것이야말로 아이의 가능성을 축소시키는 어리석은 사고가 아닐까요? 남녀평등에 대한 생각은 부모의 레벨 업에 반드시 필요한 중요 포인트 중 하나입니다.

서점에 가 보면 '남자아이 육아법', '여자아이 육아법' 등으로 분류된 서적이 많이 판매되고 있습니다. 왜 남자아이와 여자아이의 성장을 다르게 바라보는 것일까요? 이는 민감기에 반응하는 분야나, 집착과 몰입의 깊이가 성별에 따라 다르게 나타나는 경향이 있기 때문입니다. 여성인 엄마의 입장에서 아들의 행동을 이해하기 힘든 이유가 바로 여기에 있습니다. 0~6세 영유아기에는 성별과 관계없이 반드시 민감기가 찾아옵니다. 특히 3~6세에는 다양한 민감기가 병행해서 찾아오는데 성별에 따라 그 반응에 차이가 있습니다.

남자아이는 민감기에 집착이 강하게 나타나는 편이고 그 강도는 기행, 또는 말귀를 못 알아듣는 수준까지 나타납니다. 몰입하는 분야도 여성인 엄마의 입장에서 보면 이해할 수 없는 세계라서 깊은 수수께끼의 늪에 빠지고 맙니다. 공룡만 좋아하거나, 기차만 좋아하거나, 곤충만 좋아하는 등 관심 분야에 대한 집착이 나타나면 아이는 요지부동입니다. 수집벽도 남자아이가 훨씬 더 강한 경향을 보입니다. 어른이 되어서도 '마니아', '덕후' 중에 남성이 압도적으로 많은 이유는 이 시기부터 이어져 온 성향이라고 할 수 있습니다.

한편 여자아이들은 관심과 흥미가 소통communication으로 향하는 경향이 강하고, 특히 언어 민감기가 찾아오면 수다 떨기, 편지 쓰기, 패션, 색깔, 액세서리 등에 강한 집착을 보입니다. 그리고 가장 따라하고 싶은 사람, 즉 동경의 대상이 엄마이기 때문에 엄마의 입장에서 보면 이해하기 쉽고 공감대도 잘 형성되는 편입니다.

이처럼 성별에 따라서 다소 경향이 다르기는 하지만 아이는 어디까지나 '개인'이므로 아이마다 각 민감기에 관심과 집착을 보이는 분야나 행동에 차이가 나타납니다. 수공예를 좋아하는 남자아이도 있고, 곤충에 푹 빠지는 여자아이도 있습니다. 아이가 집중하고 있다면 무엇이든 OK입니다. 아이에게는 부모도 미처 이해할 수 없는 무한한 가능성이 있습니다. 일본의 최연소 프로기사인 후지이 소타는 몬테소리 유치원에서 하트 모양 가방을 만드는 종이접기에 푹 빠져 100개를 넘게 만들었다고 합니다. 이때 그가 발휘했던 집중력이 지금의 대국을 견딜 수 있는 밑바탕이 된 것은 아닐까요?

자녀가 강한 집착을 보이고 무슨 말을 해도 자신의 방식을 바꾸지 않고 관철하려는 모습을 보인다면 '우리 아이가 지금 무척 즐겁구나!'라고 생각할 수 있는 부모가 되었으면 합니다. 그러려면 '남자아이니까, 여자아이니까'라는 편견에 사로잡히거나 편향된 정보에 휘둘려서 자녀의 진면목을 놓치지 말아야 할 것입니다. 또한 '엄마를 닮아서, 아빠를 닮아서 이렇다'라고 단정짓는 것도 자녀를 하나의 인격체로 인정하지 않으려는 그릇된 사고입니다. 이런 선입견을 버리고 자녀의 현재 모습을 있는 그대로 관찰하는 것부터 시작해 봅시다.

'집착 = 탐구'라고 관점을 바꾸면 아이의 집착적인 행동도 멋지게 빛나는 보석처럼 보입니다. 자녀가 집중하는 모습을 보인다면 그것만큼 소중한 것은 없습니다. 부모 자신의 사고

✤ "줄 엮기에 집중하고 있어요!"

방식을 바꿔 나가는 것이 중요합니다. 구글도, 페이스북도, 아마존도 '집착 = 탐구 = 집중'의 연장선에서 탄생한 혁신입니다.

산만한 우리 아이에게도 몬테소리 교육이 잘 맞을까?

어머니들에게 이런 상담을 종종 받습니다. 몬테소리 유치원에서 조용하게 활동하는 다른 아이들의 모습을 보고 "우리 애는 뛰어다니기만 해서 몬테소리 교육이 맞을지 모르겠어요…"라고 고민하시곤 합니다. 하지만 아이들은 부모가 생각하는 것보다 훨씬 다양한 면모를 가지고 있습니다. 밖에서 진흙투성이가 되어 여기저기 정신없이 뛰어다니는가 하면 좋아하는 분야에 조용히 집중하기도 합니다. 가장 중요한 것은 진정한 '집중'이란 아이가 자신의 성장 단계에 맞는 활동을 스스로 찾았을 때 비로소 발휘된다는 점입니다.

몬테소리 교사는 일상생활 속에서 조용히 집중하는 모습을 보이지 않는 아이가 있으면 '아직 자신이 해야 할 활동을 만나지 못한 것이다. 그 아이의 민감기에 맞는 활동이 제공될 수 있도록 좀 더 지켜보고 관찰해야겠다.'라고 생각합니다. 몬테소리 유치원은 민감기에 따라서 아이가 다양한 행동을 스스로 선택할 수 있는 환경을 갖추고 있습니다. 아이가 현재 해당하는 민감기에 필요한 활동과 만날 가능성이 높은 것입니다. 따라서 평소 산만한 아이일수록 관찰을 통해 아이의 민감기를 파악하고 아이가 집중할 만한 활동을 제공하는 몬테소리 교육이 적합할 수 있습니다.

몬테소리 유치원에 다니면 단체생활이 어려워지지 않을까?

이 역시 자주 받는 상담 질문입니다. 일반적인 획일 교육을 시행하는 어린이집이나 유치원에서는 교사가 제시한 과제를 모든 원아가 협력해서 해결하고 하원 시간이 되면 다 같이 정리한 후 집으로 돌아갑니다. 반면 몬테소리 유치원은 자율 보육이기 때문에 아이가 하고 싶은 활동을 스스로 선택하고 아이가 그만하고 싶을 때까지 계속할 수 있습니다. 이렇듯 자율을 강조하다 보니 초등학생이 되어서 단체생활을 어려워하지 않을까 하는 의문이 들 수도 있습니다. 하지만 부모는 단체생활에 대한 사고를 전환할 필요가 있습니다.

고도 성장기에는 집단을 따르는 것이 무엇보다도 중요했고, 그래야 안전했습니다. 하지만 앞으로 다가올 미래 사회에서는 개인의 중요성이 높아질 것입니다. 몬테소리 교육은 개인이 모여서 집단을 이룬다는 사고에 바탕을 둡니다. 각자가 개성을 잘 갖추어야 비로소 진정한 단체생활이 성립된다는 사고방식입니다. 즉, '나는 나로서 괜찮다'라는 사실을 인정받았을 때 비로소 상대방도 인정할 수 있다는 것입니다. '모두와 같다'가 중요한 시대에서 '모두와 다르다'가 필요한 시대로 바뀌고 있습니다.

좋아하는 것이 어느 한쪽으로만 편향되는 것은 아닌가 하는 우려도 있습니다. 하지만 편향된다는 것이 나쁜 것인지, 그러면 안 되는 것인지 되묻고 싶습니다. 특정 분야에 편향되어야 비로소 남들과 다른 창의적인 능력이 발휘될 수 있습니다. 몇 안 되는 특별한 기술을 갖춘 신생 기업을 '유니콘 기업'이라고 부릅니다. 우리 아이가 GAFA처럼 미래를 이끌 차세대 인재로 자라기 위해서는 편향에 대한 생각에도 업그레이드가 필요하지 않을까요?

Point!

| 홈메이드 몬테소리 교육 |

- ☐ '남자아이니까, 여자아이니까'라는 부모의 편견이 자녀의 가능성을 가로막는다.
- ☐ 아이가 보이는 집착을 탐구심이라는 관점으로 바라보자.
- ☐ 나는 나로서 괜찮다는 사실을 인정받아야 비로소 상대방도 인정할 수 있게 된다.

디지털 기기와의 현명한 공존

스마트폰만 보려는 우리 아이 어떻게 교육할까?

"게임만 하는 아이에게 뭐라고 하면 좋을까요?" 최근 육아 상담에서 아주 많이 듣는 질문입니다. 10~18세 청소년 30% 이상이 게임에 하루 2시간 이상을 소비한다고 합니다. 게임, 스마트폰, SNS 등을 어떻게 사용하면 좋을까요? 아직 아무도 그에 대한 해답, 이들이 가져올 미래에 대해서 전혀 알지 못합니다.

현대인이 하루에 접하는 정보의 양은 19~20세기 사람이 평생 접하는 양에 해당한다고 합니다. 인간의 뇌 기능에는 거의 변화가 없는데 유입되는 정보량의 단위 자체가 이렇게 달라진다면 어떻게 될까요? 현대인의 뇌는 처리를 하지 못한 정보가 넘쳐나는, 이른바 '쓰레기장'이 되어가고 있습니다.

우리는 스마트폰을 사용하거나 게임을 할 때 흘러나오는 방대한 양의 정보를 자신도 모르게 뇌로 판단하고 처리합니다. 그런데 처리를 해도 또다시 정보가 흘러들어오기 때문에 인간의 뇌는 어느 시점부터 정보를 더 이상 처리하지 못하고 그대로 여과해서 흘려보내게 됩니다. 그러면서 점점 새로운 것에 도전할 의지를 잃고 무기력해지고 맙니다.

페이스북이나 인스타그램을 개발한 프로그래머는 "시간과 관심, 주의를 최대한 SNS상에서 낭비하도록 유도해서 SNS에 중독되게끔 프로그램을 설계했다."라고 말했습니다. 실제로 페이스북에 포스팅을 올리면 '좋아요'와 같은 반응을 얻을 수 있습니다. 그러면 기분이 좋아져서 다른 포스팅을 또 올리고 싶어집니다. 이때 인간의 몸에는 도파민이라는 쾌감 호르몬이 분비되고, 우리는 더 많은 쾌감을 느끼기 위해서 포스팅을 반복적으로 올리게 됩니다. SNS에는 슬롯머신과 똑같은 중독 효과가 프로그래밍되어 있습니다. 우리는 이처럼 인터넷에 중독되게끔 설정된 환경 속에서 살고 있습니다.

세상에 이런 중독성을 가진 것은 술, 담배, 도박, 불법 약물 등 인터넷 외에도 많습니다. 그러나 이런 것들은 연령 제한 또는 법적 제한이 설정되어 있습니다. 하지만 게임이나 SNS는 어떤가요? 우리의 소중한 아이들을 지키려면 가정에서 사용 시간과 범위를 제한하거나 사용 규칙을 정하는 수밖에는 없습니다.

몬테소리 교육에서 가장 중요하게 생각하는 단어 중 하나는 '집중'입니다. 그런데 현대 사회는 점점 더 집중하기 어려운 방향으로 흘러가고 있습니다. 아이가 집중해서 공부를 하려고 하면 친구에게서 메시지가 날아옵니다. 메시지를 읽고 답을 보내지 않는, 소위 '읽씹'을 하면 친구에게 핀잔을 듣습니다.

또는 컴퓨터로 검색을 할 때 느닷없이 알고리즘이 취향을 저격하는 광고를 보여 줍니다. 화면에 보이기에 그냥 보고 있었는데 어느새가 온라인 쇼핑에 빠지게 됩니다. 그러다 보면 처음에 무엇을 검색하려고 컴퓨터를 켰는지조차 잊어버리고 맙니다. 이럴 때면 '도대체 왜 다른 데로 샌 거지'라고 자책하거나 반성을 하게 되는데, 사실 인터넷의 세계가 그렇게 되도록 프로그램을 설계했기 때문에 어쩔 수 없는 것입니다.

이런 인터넷 중독은 미래에 우리 아이들에게 어떤 영향을 미칠까요? 아직 아무도 그에 대한 답을 모릅니다. 그렇다면 소중한 아이들을 지킬 수 있는 유일한 사람은 부모밖에 없지 않을까요? 부모는 지금 바로 인터넷 중독의 위험성을 깨닫고 자신의 일상생활을 점검해 보는 것부터 시작해야 할 것입니다.

엄마가 자녀의 말에 맞장구를 치면서 스마트폰을 만지작거린다면 어떨까요? 또 아빠가 휴일에 몇 시간이고 게임만 한다면 어떨까요? 시대적 흐름은 막을 수도 없고 거스를 수도 없기에 모든 것을 차단하는 것만이 능사는 아닐 것입니다. 현실적으로도 불가능한 일입니다. 그러니 일단 가정에서 할 수 있는 작은 일부터라도 시작해 보는 것이 좋겠습니다.

(1) 부모가 먼저 스마트폰과 게임 사용 습관을 점검하고 적절한 사용 방법을 설정합니다. 자녀는 부모의 거울입니다.
(2) 아이가 스스로 사용 시간을 정하고 시간이 다 되면 종료하는

습관을 들일 수 있도록 지도합니다.

(3) 아이 스스로 타이머를 세팅하고 시작 버튼을 누른 뒤 벨이 울리면 종료하는 연습을 합니다. 이러한 연습은 자립심을 기르기에도 효과적입니다.

(4) 식사 시간에는 텔레비전을 보지 않는다, 부모도 스마트폰을 사용하지 않는다 등 가정에서 지켜야 할 규칙을 정합니다.

(5) 텔레비전은 온 가족이 함께 시청하고 소감을 나눕니다. 어릴 적에 거실에서 나눴던 가족 간의 오붓한 시간을 떠올려 보세요.

이것만으로도 아이의 뇌 활성화에 큰 변화를 줄 수 있습니다. 무엇보다 중요한 것은 습관입니다. 어느 날 갑자기 "초등학생이 되었으니 오늘부터 텔레비전은 하루에 한 시간만 보는 거야!"라는 청천벽력과도 같은 이야기를 듣는다면 아이는 어떻게 생각할까요? 아마 절대로 수긍할 수 없을 것입니다.

교칙이나 조례로 인터넷 게임 시간을 규제한들 본질적인 문제는 해결할 수 없습니다. 해야 할 일이 있을 때는 인터넷 접속을 끊고 할 일에 집중하는 조절 능력을 아이가 스스로 갖출 수 있도록 도와주는 것이 부모가 자녀를 지키는 유일한 길입니다. 자기 삶의 주인공이 되려면 스마트폰이나 SNS에 휘둘리지 않고 자신이 주도권을 쥐고 사용을 통제할 수 있는 힘이 필요합니다.

놀이를 창조하는 인간

여기서부터는 저의 지론입니다. 어른이든 아이든 인터넷 게임보다 재미있는 것, 또는 중요한 무언가에 눈을 뜨지 못해서 인생의 많은 시간을 인터넷에 낭비하게 된다고 생각합니다. 물론 온라인 게임은 재밌습니다. 저 역시도 좋아합니다. 하지만 이는 우리가 재미를 느낄 수 있도록 프로그래밍된 세계로 들어간 것일 뿐입니다.

온라인 세계에서는 프로그램이 설정한 범위의 사건 외에는 일어나지 않습니다. 바꿔 말하면 우리는 게임에 놀아나고 있는 것입니다. AI가 인간의 일을 대신해 주는 시대에는 '놀이를 창조하는 인간'과 '설계된 놀이에 휘둘리는 인간' 이렇게 두 종류만 남게 될 것이라고 합니다. 여러분은 자녀가 어떤 사람으로 성장하길 바라시나요?

부모는 자녀에게 스마트폰이나 게임 외에도 주변에 재미있고 흥미로운 것이 많다는 사실을, SNS상에서 맺는 관계보다 직접 만나서 맺는 살아 숨 쉬는 관계가 훨씬 더 즐겁고 자신의 성장에 도움이 된다는 사실을 알려 줘야 합니다. 부모에게는 그래야 할 책임이 있다고 생각합니다. 그러려면 일단 부모가 디지털 기기에서 벗어나 캠핑이든 낚시든 운동이든 독서든 몰입하는 순간을 만들어야 합니다.

캠핑을 하거나 처음 가 보는 장소로 여행을 떠나면 예측 불허의 사태가 일어나기 마련입니다. 무언가가 부족해서 불편을 겪을 수도 있고 위험한 일이 벌어질 수도 있습니다. 그런 순간에 우리는 AI가 할 수 없는 발상의 전환과 지혜를 경험하고 인간이 본래 가지고 있는 오감을 더욱 섬세하게 갈고 닦을 수 있습니다.

감각 민감기에 해당하는 3~6세의 아이들에게는 특히 오감을 총동원할 수 있는 다양한 실제 경험이 필요합니다. 여러 체험이 쌓이고 쌓이면 '놀이를 창조하는 인간'으로 나아가는 길이 열릴 것입니다. 실제 체험이 가득한 몬테소리 교육이 100년이나 지난 지금에 이르러 다시금 전 세계적으로 큰 주목을 받고 있는 이유는 바로 이런 배경 때문입니다.

Point!

| 홈메이드 몬테소리 교육 |

- ☐ 게임, SNS 등에 도사리고 있는 중독성을 인식한다.
- ☐ 우리 집만의 디지털 기기 사용 규칙을 만들어 자녀를 보호한다.
- ☐ 어른인 부모가 실제 체험을 즐기는 것부터 시작한다.

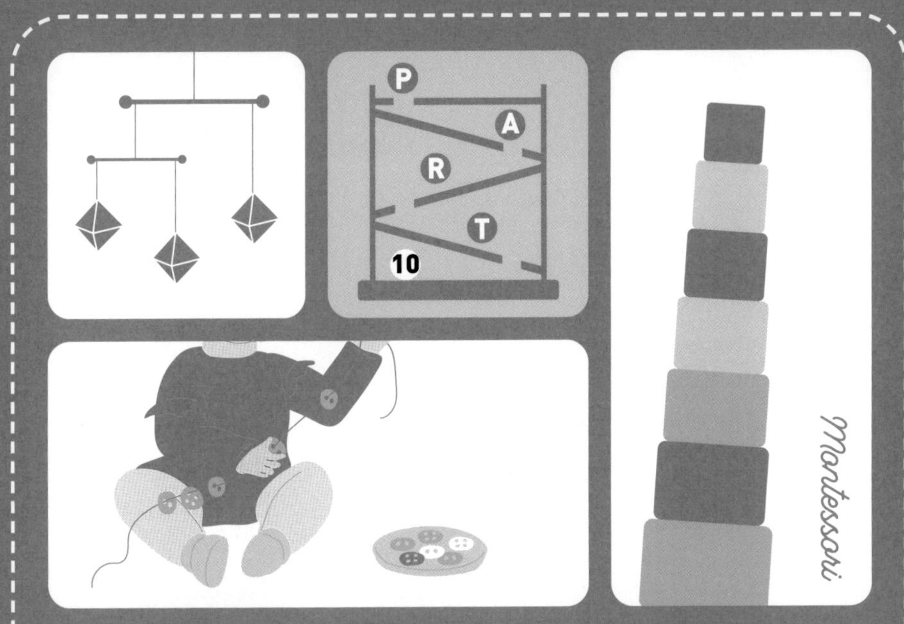

미래까지 생각하는 교육

홈메이드 몬테소리 활동 : 초등학교 준비

차근차근 준비하는 초등학교 생활

유치원의 상급반 아이들은 여름부터 초등학교 입학을 생각하기 시작합니다. 아이들에게 초등학교 생활이란 인생의 커다란 도약입니다. 그러나 아이들의 심리는 중간에 끊기는 것이 아니라 이어져 있으므로 "자, 오늘부터 초등학생이니까 혼자 알아서 해!"라는 말을 들어도 바로 그렇게 실행하기가 어렵습니다. 아이들에겐 무리한 요구입니다. 어른처럼 '오늘부터 새로운 마음으로 임하자!' 하고 시작하는 것은 아이들에게 불가능한 일입니다.

초등학교 준비라고 해서 어렵게 생각하지 않아도 괜찮습니다. 최종 목적은 지금까지와 똑같이 '아이가 스스로 할 수 있도록 도와주는 것'이기 때문입니다. 반짝반짝 빛나는 초등학교 1학년 생활을 꿈꾸는 유치원 상급반 아이들은 초등학교에 대한 기대감에 한껏 부풉니다. 이런 설렘을 활용해서 단계적으로 차근차근 혼자 할 수 있는 일들을 늘려 갈 수 있게 도와줘야 합니다.

초등학교 공부를 선행할 필요는 없습니다. 그보다는 읽기, 쓰기, 물건 세기 등 기본적인 능력을 갖추는 데 신경을 써야 합니다. 초등학교에 들어가면 여름방학 전까지는 진도가 천천히 나가지만 그 이후부터는 읽고 쓰기 등 생각보다 수업 진도가 빠르므로 기초를 단단히 다져 두는 것이 중요합니다.

● 일상생활 재점검

(1) 기상 시간은 몇 시가 적당한지 재점검합니다. 등원 시간부터 거꾸로 계산해서 대략적인 시간을 정합니다.

(2) 아이가 스스로 일어날 수 있게 하는 방법을 생각합니다. 스스로 알람시계를 맞추도록 하거나 아침에 일어나서 제일 먼저 해야 할 활동을 정해 두는 것도 효과적입니다.

(3) 아침 식사는 몇 가지 메뉴를 미리 정해 둡니다. 늘 같은 것이 안정적입니다. 수저와 숟가락, 물컵을 놓는 등 식사 준비도 스스로 할 수 있으면 더욱 좋습니다.

(4) 아이들은 두 가지 동작을 동시에 하는 것이 어렵습니다. 그러므로 아침처럼 분주하고 바쁜 시간에는 텔레비전을 틀지 않는 습관이 바람직합니다.

(5) 배변은 아침 식사를 마치고 30분 후가 이상적입니다. 등원 전에 배변을 끝내는 습관은 자녀의 일생에 큰 자산이 되므로 신경 쓰도록 합니다.

(6) 이를 닦고 옷매무새를 가다듬은 뒤 신발을 신고 등원합니다.

(7) 하원 후에 식사하기, 목욕하기, 취침하기 등 대략적인 일정의

시간을 정해 둡니다. 질서 있는 생활 리듬은 6세 이후에 마음을 안정시키는 토대가 됩니다.

(8) 시청하는 TV 프로그램, 시청 시간 등을 미리 정합니다.

(9) 자녀와 함께 연필 깎기, 준비물 확인 등 내일을 위한 준비를 합니다. 다만 초등학교 1학년생이 잊어버린 준비물은 부모가 잊어버린 것과 같으니 최종 확인은 부모의 역할입니다.

이 목록을 기준으로 자녀를 관찰해 보세요. 자녀가 어려워하거나 막히는 부분, 예를 들어 옷을 갈아입고 책가방을 챙기는 등의 흐름을 잘 수행하지 못한다면 저녁 식사를 마친 여유로운 시간대에 놀이하듯이 재미있게 연습하는 것이 좋습니다.

● 건강과 운동

0~6세의 아이들은 지칠 줄 모르는 에너자이저라고 할 정도로, 운동 민감기에 힘입어 온 힘을 다해서 자신의 신체를 움직이는 활동에 흠뻑 빠집니다. 이 시기가 지나면 어른처럼 '피곤하다', '나른하다', '효율이 떨어진다' 등의 감정이 싹트기 시작합니다. 특히 5세 이후는 운동 민감기의 최종 단계라고 할 수 있습니다. 걷고 뛰며 자신의 한계까지 몸을 움직여 보는 경험을 되도록 많이 할 수 있게 해 주세요.

● 소리 내어 읽기

어린이집이나 유치원에 다닐 때는 교사가 말로 아이들을 지도하지만 초등학교에 들어가면 아이가 스스로 문장을 읽고 생각하는 단계로 발전합니다. 따라서 읽기 능력이 중요하기 때문에 한 글자씩 더듬더듬 읽는 것이 아니라 한 구절씩 묶어서 읽을 수 있도록 연습해야 합니다. 속으로 읽으면 애매한 부분을 이해하기 어려우므로 반드시 소리 내어 읽습니다. 특히 받침이 있거나 연음되는 단어의 발음에 주의하여 알려 줍니다. 그림책을 읽으면서 부모와 아이가 번갈아 한 문장씩 소리 내어 읽어 보는 것도 좋은 방법입니다.

● **연필 잡고 쓰기**

연필로 글자를 쓸 수 있도록 손가락을 자유롭게 사용하는 연습이 필요합니다. 5세 이후부터는 '미로 찾기' 활동지가 꽤 효과적입니다. 아이에게 "미로 길의 가운데를 통과하는 것이 약속이야~"라고 말해 주면 흥분한 마음을 가라앉히고 차분하게 선 긋기 연습을 할 수 있습니다. 또한 '점 잇기'라는 활동도 있습니다. 점을 이어 그린 그림의 예시를 보여 주고 똑같이 따라서 그리게 하는 활동인데 이 역시도 아이들이 꼭 한번 체험해 보도록 해 주세요.

다만 '미로 찾기'나 '점 잇기' 등의 활동지 학습은 너무 일찍 시작하지 않는 것이 중요한 포인트입니다. 예시를 보고 그대로 따라 하는 활동은 월령이 낮은 아이에게는 난이도가 높기 때문입니다. 아이들은 실제로 일어난 일과 지면상에서 일어난 일을 대응시켜서 생각할 수 있을 때까지 시간이 꽤 걸립니다. 이를 기다리지 못하고 부모가 조급한 마음에 활동지로 가르치려고 하면 오히려 강한 반발심을 불러일으킬뿐더러 종이 기피 현상을 낳을 가능성도 있습니다.

또한, 자녀가 재미있게 잘한다고 해서 내내 그 활동만 시킬 것이 아니라 하루 분량을 정해서 '조금 더 하고 싶다!'라는 아쉬움을 남기는 것이 좋습니다. 그래야 "재미있었지? 우리 내일 또 하자!"라며 습관을 들일 수 있습니다. 이것이 포인트입니다.

● 도구 사용

가위, 풀, 크레파스, 스카치테이프 등 기본적인 도구 사용법을 즐겁게 연습합니다. 아이가 머릿속으로 생각한 것을 실제로 만들어 볼 수 있는 경험은 다채롭고 즐거운 학교생활을 보내는 데 든든한 버팀목이 됩니다. 아이가 풍요롭고 아름다운 경험을 쌓을 수 있도록 도구를 자유롭게 사용하는 법을 잘 익힐 수 있게 지도해 주세요.

● 숫자

몬테소리에서 숫자 교육을 하는 목적은 초등학교에 입학하기 전에 덧셈, 뺄셈 등 사칙 연산을 잘할 수 있도록 하려는 것이 아닙니다. 숫자의 세계와 그 매력을 피부로 느끼고 손을 사용해서 즐겁게 수 개념을 흡수할 수 있는 시기가 숫자 민감기뿐이기 때문에 그렇습니다. 선행으로 연산 학습지를 시킬 것이 아니라 숫자를 몸으로 느끼는 체험을 통해서 자녀에게 숫자를 알아가는 기쁨을 심어 주세요.

Point!

| 홈메이드 몬테소리 교육 |

- ☐ 초등학교 1학년이 된다는 설렘을 잘 활용한다.
- ☐ 급격한 변화는 아이에게 무리이므로 시간을 두고 아이가 혼자 잘할 수 있는 것을 서서히 늘려 간다.
- ☐ 실제 체험을 늘려서 아이에게 배움의 씨앗을 심어 준다.

세상을 긍정적으로 살아가는 아이

아이에게 필요한 두 가지 긍정감

3~6세 아이들에게는 '스스로 생각하는 힘', 생각하는 방향의 토대가 되는 '자기긍정감', 그리고 '사회에 대한 긍정감'을 길러 줘야 합니다. 자기긍정감은 자만심과는 달라서 '나는 어떤 장소, 어떤 상황에서든 작은 것이라도 뭔가 해낼 수 있다!'라고 생각하는 낙관적인 자신감을 의미합니다. 즉, 자신의 존재를 인정하고 자신을 사랑하는 상태입니다. 자기긍정감은 남과 비교하거나 남을 탓하지 않고 자신의 삶에 자신이 중심이 되어 살아가는 사고방식의 밑바탕이 됩니다.

사회에 대한 긍정감이란 '이 세상에는 수많은 사람이 존재하고, 반드시 나쁜 사람만 있는 것은 아니다. 그러므로 곤란한 일이 생겼을 때 누군가에게 조언을 구하고 부탁하자!'라는 인간에 대한 낙관적인 수용 방법으로 인간관계를 형성하는 토대가 됩니다.

저는 아이들의 마음속에 이 두 가지 긍정감만이라도 잘 심어진다면 반드시 행복하게 살아갈 수 있다고 굳게 믿습니다. 반면 이 두 가지 긍정감이 없는 아이는 성인이 되어서 아무리 좋은 대학을 나오고 부자가 되어도 행복해질 수 없다고 생각합니다. 긍정적인 관점으로 세상을 보느냐, 부정적인 관점으로 세상을 보느냐에 따라서 인생은 180도 달라집니다. 그렇다면 아이에게 이 두 가지 긍정감을 심어 주려면 어떻게 해야 할까요?

긍정감이 싹트는 순간

혹시 인기리에 방영되었던 〈나의 첫 심부름はじめてのおつかい〉이라는 일본의 리얼리티 프로그램을 아시나요? 이 프로그램에는 3세 이상의 아이들이 등장하는데, 이 연령이 되면 혼자 걸을 수 있고 자신의 생각을 말로 표현할 수 있습니다. 출연한 아이들은 스스로 심부름을 갈 것인지 말 것인지를 결정합니다. 내심 불안하지만 엄마, 아빠에게 도움을 주고 싶다는 마음으로 심부름을 가는 길에 개가 무섭게 짖어도, 길을 잃어버려도 끝까지 최선을 다합니다. 그리고 자신이 스스로 결심한 일을 혼자 해냈다는 성취감을 맛봅니다. 이런 경험은 자기긍정감의 씨앗이 됩니다.

또한, 아이들은 난생처음 혼자 걸어 보는 길에서 동네 할아버지를 만나기도 하고 가게 아주머니의 상냥함과 친절함을 직접 피부로 경험하기도 합니다. 이로써 아이들의 마음속에는 '세상에는 엄마, 아빠 말고도 친절한 사람이 있구나!', '다른 사람을 신뢰해도 되겠구나!'라는 사회에 대한 긍정감도 함께 자랍니다. 〈나의 첫 심부름〉에는 아이에게 해 줄 수 있는 교육에 대한 힌트가 많이 숨어 있습니다.

'귀한 자식일수록 여행을 보내라'라는 말이 있습니다. 성공을 거둔 유능한 사람들과 이야기를 나눠 보면 젊은 시절에 떠났던 무전여행이나 배낭여행 등 세계를 방랑했던 경험을 언급하는 경우가 많습니다. 세계를 누빈 글로벌한 경험은 분명 그들을 현재의 성공으로 이끈 바탕이 되었을 것입니다.

그런데 이보다 더 중요한 것은 무전여행이나 배낭여행 등의 경험은 근본적으로 자기긍정감과 사회에 대한 긍정감이 없으면 결코 실행에 옮길 수 없다는 점입니다. 자신을 신뢰하고 타인을 신뢰하는 것이 모든 일의 시작입니다. 그들이 성공을 거머쥘 수 있었던 이유는 이런 경험을 가능하게 해 준 두 가지의 긍정감이 든든한 토대를 이뤘기 때문이라고 생각합니다. 앞으로 이 세상을 살아갈 자녀에게 자유의 날개가 될 두 가지의 긍정감을 꼭 심어 주길 바랍니다.

일상생활 속에서 긍정감을 기르는 사이클

첫 번째 단계는 아이가 스스로 선택하게 하는 것입니다. 일단 스스로 결정하는 힘을 기르는 것부터가 시작입니다. 신발을 신고 옷을 입을 때도 양자택일로 "어느 것을 고를래?"하고 묻고 자녀가 스스로 선택할 수 있도록 해 주세요. 6세 이전의 아이들은 "둘 중 어떤 것을 고를까?" 하는 양자택일 질문에는 쉽게 답할 수 있지만 그보다 높은 단계인 "어떻게 할래?"라는 질문은 어려워하니 가급적 삼가는 것이 좋습니다.

두 번째 단계는 아이가 혼자 해내는 경험을 쌓는 것입니다. 스스로 결정하고 스스로 해내는 경험은 자기긍정감을 낳습니다. 부모가 해 줄 수 있는 것은 어떻게 하면 아이가 혼자 해낼 수 있을지를 고민하고 환경을 정비하는 일입니다. 자녀가 할 일을 부모가 대신해 주면 시간은 적게 들겠지만 아이의 마음속에 자기긍정감을 싹틔울 수 없습니다. 오히려 '나는 엄마, 아빠가 없으면 아무것도 못 해!'라는 부정적인 감정만이 자랄 뿐입니다. 자녀를 도와줄 때는 먼저 "도와줘도 될까?"라고 물어봐 주세요. 몬테소리 교육은 이 질문을 매우 중요하게 생각합니다.

세 번째 단계는 아이가 자신의 노력을 인정받는 것입니다. 자녀가 스스로 결정한 일을 혼자 끝까지 해냈을 때는 단순히 결과만을 칭찬하는 것이 아니라 끝까지 해낸 과정을 인정하는 데도 신경을 써야 합니다. 아무리 사소한 일이라도 아이에게는 첫 경험이자 모

Point!

| 홈메이드 몬테소리 교육 |

- ☐ '자기긍정감'과 '사회에 대한 긍정감'의 토대는 3~6세에 형성된다.
- ☐ "둘 중 어떤 것으로 할래?"라는 질문은 이 시기의 아이들에게 효과적이지만 "어떻게 할래?"라는 질문은 6세 이후부터 하도록 한다.
- ☐ 자녀가 스스로 결정하고 혼자 해낸 것을 인정해 준다.

험이었을 것입니다. "끝까지 혼자 노력했구나!", "열심히 해냈구나!" 라는 말 한마디면 충분합니다. 또한, 부모가 자녀에게 도움을 받았다면 "고마워. 엄마랑 아빠는 너에게 큰 도움을 받았어. 네 덕분이야!"라고 고마움을 전합니다. 이런 경험이 쌓이면 자신이 사회에 도움이 되었고 사회에서 인정을 받았다는 자기유용감이 싹트고, 다른 사람을 신뢰하는 사회에 대한 긍정감의 토대가 형성됩니다.

아이들은 계속 자란다

유아기 이후의 아이

"몬테소리 교육은 6세로 끝나는 건가요?"하는 질문을 심심치 않게 받곤 합니다. 국가에 따라서는 중학교까지 몬테소리 교육을 받을 수 있는 환경이 잘 조성된 곳도 있습니다. 미국만 해도 350곳 이상의 몬테소리 학교가 있습니다. 그러나 유감스럽게도 국내에는 그러한 시설이 거의 없습니다. 환경적으로 뒤처져 있는 현 상황을 개선하려면 수십 년 단위의 노력이 필요할 것으로 보입니다.

하지만 우리 아이들은 지금도 계속 성장하고 있습니다. 그러니 현재로서는 가정의 노력으로 시스템의 부족함을 보완하는 수밖에는 달리 방법이 없습니다. 앞서 언급했던 '발달의 4단계'로 돌아가서 육아 예습을 진행해 보도록 합시다.

● 아동기

현재 자녀가 해당하는 제1단계인 0~6세의 영유아기를 지나서 초등학교에 입학하면 제2단계인 아동기로 들어갑니다. 아동기는 아이의 몸과 마음이 순조롭게 성장하는 안정된 시기입니다. 많은 정보를 기억할 수 있고 기억한 것을 반영구적으로 잊지 않는 아주 멋진 시기이기도 합니다. 치매에 걸려서 가족의 얼굴은 잊어도 이 시기의 기억만은 남아 있는 이유입니다.

같은 맥락에서 아동기는 학습하기에 매우 적합한 시기라고도 말할 수 있습니다. 최근에는 초등학교 때부터 여러 학원에 다니며 밤늦게까지 공부에 매진하는 아이들이 많습니다. 배운 것을 잊어버리지 않는 시기라는 관점에서 본다면 어쩌면 그런 노력이 보상받는 시기라고 할 수도 있겠습니다.

아동기는 몸과 마음이 모두 안정된 시기이지만 초등학교 4학년 무렵부터는 아이의 내면에 서서히 변화가 일기 시작합니다. 바로 '대인 관계'의 변화입니다. 지금까지 가정 중심이었던 커뮤니티가 확장되어 친구 관계의 중요성이 높아집니다. 지금까지는 집이 가깝거나 부모끼리 친하게 지내는 등 물리적인 이유로 친구를 사귀었다면 이때부터는 자신의 사고방식과 가치관, 취미가 통하는 친구와 사귀기 시작합니다. 커뮤니티가 크게 확장되는 변화를 겪는 것입니다.

이 연령의 남자아이들이 삼삼오오 무리를 지어서 자전거를 타고 동네를 활보하는 것은 시대를 막론하고 흔히 목격할 수 있는 모습입니다. 여자아이들 역시 취미 등의 가치관에 따라서 또래 집단이 확연하게 나뉩니다. 이 시기를 '또래 집단의 시기'라고 칭하는 이유입니다. 또래 집단 안에서는 각자의 역할과 서열도 생깁니다. 실제 사회로 나갈 준비가 시작되었다고 볼 수 있습니다. 한편 또래 의식의 강한 반동으로 집단 따돌림이나 괴롭힘 등 나쁜 행동이 나타나기도 합니다. 혹시 〈스탠 바이 미Stand by me〉라는 영화를 아시나요? 또래 소년들의 심리 성장을 그린 명작 중의 명작이니 감상을 추천합니다.

여태까지 휴일이면 함께 외출했던 자녀가 "오늘은 친구랑 놀러 갔다 올 거예요. 엄마, 아빠 안녕!"이라고 말하고 쌩하니 집을 나서는 뒷모습에 충격을 받거나 서운한 마음이 드는 것도 이 시기에 일어나는 일입니다. 부모로서 서운한 마음은 이해하지만 이 역시 순조로운 성장의 한 과정으로 받아들이고 부모의 관점을 업그레이드하길 바랍니다.

● 사춘기

몸과 마음이 안정된 아동기를 지나면 몸과 마음이 불안정한 제3단계 '사춘기'가 찾아옵니다. 지금까지는 자신의 외면으로 향하던 의식이 사춘기에 접어들면서 자신의 내면으로 향하게 됩니다. '나는 어떤 사람인가?', '다른 사람들은 나를 어떻게 바라보나?' 같은 부분에 매우 민감하게 반응하고 신경을 많이 씁니다.

아이는 이상 속의 자신과 현실 속의 자신 사이에 존재하는 괴리로 고민하고, 어디에 써야 할지 모르는 막대한 에너지를 학교 폭력이나 집단 따돌림, 은둔형 외톨이, 가정 내 폭력 등의 방식으로 표출하기도 합니다. 뉴스에서 청소년과 관련된 가슴 아픈 사건이 보도될 때마다 어김없이 중2, 중3이 언급되는 것은 우연이 아닙니다.

부모와의 소통을 극단적으로 피하려는 것도 이 시기부터입니다. 부모는 당연히 답답하겠지만 자녀가 자립에서 독립으로 나아가는 준비 단계에 돌입했다고 생각하고 이해해야 합니다. 그리고 부모의 영향력이 점차 낮아진다는 점을 인정하고 받아들여야 합니다. 이런 성장의 큰 흐름을 무시한 채 지금까지와 동일한 접근과 위압적인 통제로 자녀를 대한다면 반항과 갈등의 골만 더욱 깊어질 것입니다.

그러나 자녀와의 대화 빈도가 줄더라도 소통의 창이 완전히 닫히지는 않도록 조심해야 합니다. 이 시기에 부모의 영향력이 낮아지는 것과 반비례로 영향력이 높아지는 존재가 바로 친구입니다. 또래 집단과의 관계가 지금까지보다 훨씬 더 깊어지고, 부모에게 말하지 못하는 비밀을 공유하는 이른바 '찐친(진짜 친한 친구)'이 생기기도 합니다. 그 외에도 동아리 선배나, 어른 중에서도 자신을 객관적으로 바라보고 이해해 주는 학교 교사 또는 학원 선생님 등의 영향을 강하게 받기도 합니다.

이처럼 사춘기에 접어들면 부모의 통제는 그 효과가 떨어지는 반면 주변의 인적 환경은 아이에게 큰 영향을 줍니다. 따라서 자녀의 사춘기에 부모가 할 수 있는 최선이자 유일한 지원은 환경을 선택하는 것입니다. 자녀가 다니는 학교의 학업 성취도만 고려할 것이 아니라 이런 관점에서 자녀에게 적합한 환경을 두루 고려하는 것이 무엇보다 중요합니다.

신체적인 면에서도 여자아이에게는 초경이 찾아오고 남자아이는 몽정을 경험하는 등 호르몬과 체질에 큰 변화를 겪게 됩니다. 마리아 몬테소리는 이처럼 사춘기 아이들의 신체에 나타나는 민감한 변화를 '막 탈피한 꽃게와 같다.'라고 표현했습니다. 사춘기에 진입한 아이들은 외면과 내면 모두 커다란 변화를 맞이합니다. 부모의 접근 방식을 반드시 업그레이드해야 하는 이유이자 가장 중요한 시기라고 할 수 있습니다. 나비의 성장에 비유하자면 번데기 단계와 같아서 쓸데없이 자꾸 만지거나 간섭하지 말고 그저 묵묵히 바라보는 것이 가장 좋습니다.

또한, 앞에서 언급했듯이 각 발달 단계에는 반드시 시작이 있고 끝이 있다는 점을 늘 기억해야 합니다. 마치 먹구름이 낀 것처럼 느껴지는 사춘기도 마찬가지입니다. 이 시기가 지나면 맑게 개는 때가 반드시 찾아옵니다. 그리고 아이는 제4단계인 청년기로 나아갈 것입니다.

● 청년기

청년기가 되면 내면을 향하던 마음이 다시 외면을 향해서 열립니다. 어떻게 사회로 진출할 것인지, 어떤 직업을 선택할 것인지, 어떤 사람과 가정을 꾸릴 것인지 등 미래에 대해서 진지하게 고민하는 시기입니다. 마치 번데기가 아름답고 멋진 나비가 되어 날갯짓하며 하늘 높이 날아오르는 것과 같습니다.

이 시기에는 보다 넓은 사회로 진출할 수 있도록 시야를 확장하는 체험이 무엇보다도 중요합니다. 대학, 대학원, 유학, 취직 등 세상을 향해서 날아오를 수 있는 기회를 부모와 자녀가 함께 머리를 맞대고 고민해 봅시다.

이제 겨우 3~6세인 우리 아이가 성인이 된다니, 아직 까마득히 먼 미래처럼 느껴질 것입니다. 그러나 언젠가 아이가 반드시 거치

✤ 언젠가 성인이 되어 세상으로 나아갈 아이들

게 될 길이므로 부모로서 예습해 두는 것이 필요합니다. 차분한 마음가짐으로 자녀의 장기적인 교육 플랜을 생각하는 데 3~6세보다 최적의 시기는 없습니다.

Point!

| 홈메이드 몬테소리 교육 |

- ☐ 6세가 지나도 아이의 변화는 계속된다.
- ☐ 아동기는 안정된 시기이지만 또래 집단이 중요해지기 시작하는 시기이므로 주의하자.
- ☐ 사춘기에는 아이를 조용히 바라보는 것도 중요하다.
- ☐ 청년기에는 시야를 넓힐 수 있는 체험이 필요하다.
- ☐ 초등학교 입학 전이 장기적인 교육 플랜의 적기이다.

어른들도
계속 성장한다

인간의 경향성

발달의 4단계를 모두 거쳐서 24세가 되면, 즉 성인이 되면 인간의 성장은 멈출까요? 그렇지 않습니다. 인간은 목숨이 끊어질 때까지 끊임없이 성장합니다. 이를 뒷받침하는 것이 마리아 몬테소리가 제창한 '인간의 경향성'입니다. 인간의 경향성이란 인간의 내면에서 샘솟는 강력한 힘으로 인간이 더 인간답게 살 수 있도록 이끄는 충동입니다. 인간의 경향성은 태어난 시대나 국가, 민족, 사회, 경제와 관계없이 과거로부터 현재, 그리고 미래로 이어지는 보편적이고 근본적인 것입니다.

앞으로 세상은 크게 변할 것이고 모든 변화를 예측하기란 불가능에 가깝습니다. 그렇기에 우리는 변하지 않는 것에 주목하고 소중히 키워 나가야 합니다. 인간으로서 변하지 않는 힘이 바로 인간의 경향성입니다. 이런 인간의 경향성을 이해하는 것은 우리 자신의 인생을 이해하는 것과 같습니다. 마리아 몬테소리가 제창한 인간의 경향성 중에서 특히 중요한 세 가지를 살펴보도록 하겠습니다.

❶ 인지하려는 경향성

여러분은 해외여행을 가서 처음으로 묵는 호텔에 도착하면 어떤 행동을 하나요? 일단 방 내부를 탐색할 것입니다. '화장실은 이렇구나', '금고는 여기 있구나', '비상구는 이쪽에 있구나.'라고 마치 지도를 펼쳐 확인하듯 내가 지금 어떤 장소에 있는지 인지하려는 행동이라고 할 수 있습니다. 인간은 자신이 있는 장소를 확인해야 비로소 안심하고 '차라도 한 잔 마셔야겠다.' 하는 편안한 상황에 이를 수 있습니다. 이렇게 자신의 위치를 알고 안심하려는 것을 '인지하려는 경향성'이라고 합니다. 어린아이들도 이와 같은 행동을 보입니다. 부모가 어떤 장소에 아이를 데려가면 처음에는 불안한 듯 자꾸만 엄마 뒤로 숨습니다. 그러다가 여기저기를 탐색하며 주변을 확인하고 이내 안심합니다.

사실 원시시대부터 인간은 똑같은 행동을 보였습니다. 주변을 탐색하고, 동굴을 발견하고, 수원지를 찾고, 벽화로 기록하는 등 자신의 위치를 확인하고 나서야 비로소 안심하고 정착했습니다. 인지하려는 경향성을 총동원해서 현재 위치를 확인하는 작업이 인간에게 얼마나 큰 안정을 가져다주는지 잘 알 수 있을 것입니다. 나이가 들면서 치매에 걸리면 인지하려는 경향성을 가장 먼저 잃는다고 합니다. 인지하려는 경향성을 잃으면 인간은 자신이 지금 어디에 있는지 알 수 없게 됩니다. 치매 환자가 주변을 배회하거나 불안해서 집에 가고 싶다고 호소하는 것도 이 때문입니다.

부모인 우리는 자녀에게 인지하려는 경향성을 확실하게 심어 주고 아이들이 이 불확실한 시대를 잘 살아갈 수 있도록 도와줘야 합니다. 그런데 현대 사회에서는 인지하려는 경향성이 점차 퇴화하고 있습니다. 그 일례가 바로 '자동차 내비게이션의 사용'입니다. 과거에는 지도를 펼치고 나침반으로 방향을 확인하는 등 인지하려는 경향성을 발휘할 기회가 많았습니다. 하지만 지금은 내비게이션에 의존해서 기계가 알려 주는 대로 따를 뿐입니다.

AI에게 모든 것을 맡기는 시대가 도래했을 때 인간에게 가장 필요한 능력은 '기계가 예측할 수 없는 사태를 어떻게 판단할 것인지'일 것입니다. 예측 불가능의 시대에 우리 아이들이 살아남으려면 인간이 가진 본능적인 능력이 매우 중요해질 것입니다.

여행이나 캠핑을 떠나 처음 가 본 장소에서 처음으로 무언가를 체험할 때 인간의 인지하려는 경향성은 최대로 발휘됩니다. 웹이나 기계의 힘에 의존하지 않는 환경을 부모가 의식적으로 많이 조성해서 자녀에게 제공해야 하는 시대입니다. 풍부한 실제 경험과 인간 본래의 감각을 길러 주는 몬테소리 교육이 100년보다도 더 지난 지금에 이르러 전 세계적으로 다시금 주목받고 있는 이유가 바로 여기에 있습니다.

❷ 환경에 적응하려는 경향성

인간의 아기는 무력한 상태로 태어납니다. 그러나 6세 무렵에는 태어나고 자란 나라와 지역, 문화에 적응해서 그 나라의 언어까지 거의 완벽하게 흡수합니다. 그래서 인간은 모든 지역에서 생존할 수 있습니다.

과거 우리는 자신이 태어난 마을에만 적응하면 충분했습니다. 이웃 마을은 외국과도 같은 개념이었으므로 자신이 속한 마을의 규칙만 잘 따르면 그만이었습니다. 그러나 현대 사회는 어떤가요? 온라인으로 전 세계가 하나로 연결되어 여러 나라의 정보를 손에 넣을 수 있고 사람들의 주의主意와 주장主張이 여기저기에서 들려옵니다. 이런 환경 속에서 우리 아이들은 무엇을 믿고 무엇을 따라야 할까요?

현대 사회에서는 이런 정신적인 토대를 어디에 둘 것인지가 매우 어렵고 복잡해졌습니다. 이런 의미에서 심리 교육과 도덕, 윤리, 종교를 재점검해야 하는 시대가 다가왔다고 말할 수 있겠습니다. 부모도 자녀에게 반드시 전달해야 할 것을 놓치지 않도록 의식해야 하는 시대가 된 것입니다.

❸ 탐구하고 발전하려는 경향성

동물은 먹이를 사냥하고 배가 부르면 휴식을 취합니다. 그러나 인간은 거기에 안주하지 않습니다. 더 효율적으로 사냥하는 방법을 고민하고, 더 맛있게 조리해서 먹는 방법을 생각합니다. 이것이 인간에게만 존재하는 '탐구하고 발전하려는 경향성'입니다. 나이를 불문하고 인간은 자신이 할 수 있는 것을 깊이 파헤치고 연구하며 그 성과를 다음 세대에 전달하려는 노력을 반복해 왔습니다. 그 힘으로 지금까지 인류가 번영할 수 있었던 것입니다.

예를 들어 복어를 먹으면 위험하다는 것은 누구나 다 아는 사실입니다. 우리는 그 사실을 어떻게 알고 있는 것일까요? 지금까지 몇만 명의 사람이 복어를 먹어 보고 목숨을 잃어 가며 탐구한 결과 안

전한 요리법을 찾아냈고, 그것을 다음 세대에 전달해야 한다는 일념이 현재로 이어졌기 때문입니다.

현대 문화는 탐구하려고 발전하려는 인간의 경향성이 과거로부터 쌓아 온 것들 위에 성립되었습니다. 따라서 우리 역시 탐구하고 발전시킨 내용을 다음 세대에 전수해야 하는 책임이 있습니다. 앞으로 다가올 미래는 불확실한 시대이므로 변하는 것과 변하지 않는 것을 명확하게 확인하고 가려내면서 살아야 합니다. 그리고 인간의 경향성이야말로 '변하지 않는 것'에 해당합니다.

Point!

| 홈메이드 몬테소리 교육 |

- ☐ 인간은 어른이 되어서도 경향성에 이끌려 계속 성장한다.
- ☐ 인간은 인지하려는 경향성으로 자신의 위치를 파악하고 안심한다.
- ☐ 인간은 환경에 적응함으로써 생존해 왔다.
- ☐ 인간이 탐구한 것을 다음 세대로 전달하기 때문에 세상은 진화한다.

우리 아이 교육 플랜 세우기

교육 플랜의 필요성과 설정 방법

이번에는 몬테소리 교사의 입장에서 벗어난 이야기를 하고자 합니다. 갑자기 현실적인 이야기를 꺼내게 된 점에 대해 미리 양해를 구합니다. 저는 몬테소리 교사이면서 동시에 네 아이의 아빠이기도 합니다. 0~6세의 민감기는 아이의 인생에서 매우 중요한 시기이지만, 0~6세는 육아의 끝이 아니라 시작입니다. 앞으로도 넘어야 할 산이 많습니다. 육아는 마냥 즐거울 수만도 없고, 책에 쓰여 있는 대로 혹은 부모 뜻대로 착착 굴러가지도 않습니다. 현실적인 교육비도 고려해야 합니다. 그러므로 3~6세 사이에 자녀의 미래에 대한 교육 플랜을 세우는 것이 반드시 필요합니다.

"교육 플랜이요? 저희 아이는 아직 세 살인데요?"라는 목소리가 어디선가 들려오는 듯합니다. 그렇습니다. 세 살에 무슨 교육 플랜이냐 싶을 수도 있겠지만 세 살이기에 미래를 위한 계획을 세울 수 있는 것입니다. 초등학교에 입학해서 본격적인 공부가 시작되면 눈앞의 현실에 쫓겨서 계획은커녕 하루하루를 보내는 데 허덕이기 일쑤입니다.

"계획을 세워서 뭐 하나요, 어차피 생각대로 안 될 텐데요."라고 말씀하실 수도 있습니다. 맞습니다. 계획을 세워도 아이는 그 계획대로 움직여 주지 않습니다. 중간중간 수정도 필요합니다. 그러나 명확한 목표와 계획이 있어야 도중에 경로를 수정할 수도 있는 것입니다. 교육 플랜이 없으면 수정조차 할 수 없습니다. 주변 정보에 휩쓸려서 그때그때 임기응변식으로 끝나고 맙니다. 마치 천 조각을 얼기설기 이어서 만든 것처럼 육아 지도가 엉망이 됩니다. 실제로 부모도 자녀도 지칠 대로 지치고 교육비도 쓸 대로 다 쓴 단계에 이르러서야 육아 상담소를 찾아오는 경우가 상당히 많습니다.

매년 많은 아이들이 국제중, 특목고 등 중고등학교 입시를 치르기도 하고 개중에는 초등학생 때부터 사립초등학교에 지원하게 되는 아이들도 있습니다. "우리 아이는 공립에 보낼 거라서 교육 플랜은 필요 없어요!"라고 말하는 가정도 있을 것입니다. 그런데 교육열이 높은 지역에 살면 자녀가 먼저 학원에 다니고 싶다는 말을 꺼내서 예정에도 없던 중고등학교 입시를 준비하게 되는 경우를 생각보다 꽤 많이 보게 됩니다.

중고등학교 입시를 미리 준비하는 것을 부정할 생각은 없습니다. 아동기의 배움은 멋지고 훌륭한 일입니다. 하지만 입시를 치러야 하는 가혹함을 부모가 제대로 인식하고 시작했으면 합니다. 중고등학교 입시를 준비하려면 학습형 학원이 필수입니다. 고학년에 시작하는 경우가 많으므로 초등학교에 입학한 지 3년 만에 학원에 다니기 시작해야 합니다. 학원비도 만만치 않습니다. 유명한 학원이라면 학원비로 매달 100만 원은 우습게 깨집니다. 생각해 보세요. 학원비가 무려 100만 원입니다! "아이가 학원에 다니고 싶다고 해서요", "초등 수업 연계로 학원에 보내요." 등과 같은 이유로 가볍게 생각하고 시작하면 가정도 가계도 곤란해집니다.

재차 언급하지만 중고등학교 입시를 치르지 말라는 것이 아닙니다. 각오를 단단히 하고 명확한 목적하에 정보를 수집하고 준비해서 적절한 교육 플랜을 세웠으면 하는 바람입니다. 자녀의 사춘기 환경을 선택한다는 측면에서도 중고등학교 입시는 의미 있는 일입니다. 줏대 없이 학원에서 하라는 대로 이리저리 휩쓸리지 말고 학업 성취도 외의 다른 부분도 꼼꼼히 고려해서 정확한 정보를 수집해야 합니다.

만일 중고등학교 입시를 치르지 않고 일반 중고등학교에 진학하게 할 예정이라도 자녀의 교육 플랜은 반드시 세워야 한다고 생각합니다. 왜냐하면 어느 부모든 "대학은 서울에 있는 학교로 가야죠!"라고 말하기 때문입니다. 어떤 학교를 졸업하든 마지막에 치러야 할 대학 입시는 결국 전국의 아이들이 벌이는 진검승부의 장입니다. 따라서 대학 입시까지 어떻게 싸울 것인지, 입시 전쟁에서 승리할 방법을 마련해 두어야 합니다.

그렇다면 교육 플랜을 세우기 위해서는 어디서부터 어떻게 시작하면 좋을까요? 가장 중요한 최종 목적지는 '자녀의 행복'입니다. 입시는 이를 위한 한 가지 수단일 뿐입니다.

첫 번째 단계는 행복의 기준을 만드는 것입니다. 육아의 최종 목표는 자녀를 명문대에 합격시키는 것도, 선망의 대상인 대기업에 취직시키는 것도 아닙니다. 교육 플랜의 최종 목표는 교육 과정의 끝에 자녀가 행복해지는 것입니다. 그러기 위해서는 일단 자녀가 어떤 행복을 누렸으면 하는지에 대한 논의부터 시작해야 합니다. 우리 아이들이 살아갈 미래는 우리가 사는 현재와는 크게 다를 것입니다. 그런 예측하기 어려운 미래 사회에 아이에게 어떤 능력과 힘을 길러서 내보낼 것인지가 우리의 중요한 과제입니다. 이에 대한 논의부터 시작하고 행복의 기준을 세워 보세요. 최종 목표를 향한 교육 플랜을 세워 나가는 것입니다.

두 번째 단계는 부모가 가진 생각과 정보를 점검하는 것입니다. 아무리 부부라도 서로 다른 환경에서 자란 만큼 인생관이나 행복에 대한 관점이 다르기 때문에 서로 의견이 어긋나는 경우도 있습니다. 그러니 하루라도 빨리 서로 대화를 나누고 자녀 교육에 대한 논의를 시작하는 것이 좋습니다. 또한, 논의의 토대가 되는 교육의 기본적인 정보도 부모의 학창 시절과는 크게 다르니 최신 정보로 업그레이드해야 합니다.

세 번째 단계는 가정의 상황을 파악하는 것입니다. 자녀의 교육 계획과 떼려야 뗄 수 없는 것이 바로 가정 경제입니다. 아무리 이상적인 교육 코스를 밟게 해 주고 싶어도 교육비가 뒷받침되지 못하면 탁상공론에 그칠 뿐입니다. 부부의 현재 나이를 고려해서 자녀가 대학을 졸업할 무렵에는 몇 살일지, 맞벌이를 할 것인지 말 것인지, 육아의 거점이 되는 지역은 어디로 할 것인지, 전근의 가능성이 있는지, 자가인지 전세인지, 현재 저축률은 어느 정도인지, 향후 수입의 증감 추이를 어떻게 예측할 것인지 등을 생각해야 합니다.

교육 자금으로 돈을 쓴다는 것은 부부의 노후 자금을 쓰는 것이기도 합니다. 자녀의 사교육비와 노후 자금의 균형을 생각하는 것은 현대 사회에서 매우 중요한 문제입니다. 자녀의 교육에 많은 돈을 투자했다는 이유로 노후를 자녀에게 의존하지 않으려면 교육비 계획은 반드시 세워야 합니다. 이러한 장기적인 교육 플랜을 세우는 것은 자녀가 3~6세인 지금이 최적기입니다. 반드시 가정에서 부부가 대화를 통해 의견을 나누는 시간을 가져 보기를 바랍니다.

몬테소리 교육의 지향점

몬테소리 교육 현장의 12가지 지침

몬테소리 교사는 졸업 증서와 함께 몬테소리 교육에서 중요하게 생각하는 '몬테소리 교육 현장의 12가지 마음가짐'이라는 것을 받습니다. 몬테소리 교사가 교육 현장에서 지켜야 할 지침이자 덕목으로, 마리아 몬테소리가 남긴 것입니다. 저 또한 액자에 넣어 육아 살롱의 제일 잘 보이는 곳에 걸어 두었습니다. 이 지침을 보면 몬테소리 교사는 일반적으로 생각되는 선생님의 개념과 사뭇 다른 존재라는 것을 명확하게 알 수 있습니다.

'홈메이드 몬테소리'의 목적은 여러분과 같은 부모가 자격증이 있는 몬테소리 교사가 되는 것이 아닙니다. 그러나 부모로서 자녀를 바라보고 관찰하는 입장에서 이 12가지 지침에는 상당히 배울 점이 많기 때문에 소개하고자 합니다.

❶ 환경을 정비합니다.

몬테소리에서 교사가 해야 하는 가장 중요한 일은 환경을 정비하는 것입니다. 아이들에게 무언가를 억지로 가르치는 것이 아니라 아이의 자주성을 믿고 아이의 성장에 맞는 환경을 준비하는 것이 몬테소리 교육의 진수眞髓임을 잘 알 수 있습니다. '아이들은 본래 자신의 내면에 자신을 성장시키는 능력을 지니고 있고 적절한 시기에 적절한 환경이 주어지면 스스로 성장해 나간다.' 이것이 몬테소리 교육의 출발점입니다.

❷ 교구와 교재를 명확하고 정확하게 제시합니다.

아이가 활동을 선택했을 때 사용 방법을 잘 알 수 있도록 말로만 설명하지 않고 정확한 방법을 순서에 맞게 천천히 보여 줍니다.

❸ 아이가 환경과 교류하기 시작할 때까지는 적극적으로, 교류가 시작되면 소극적으로 대합니다.

아이가 환경과 교류할 수 있도록 계기를 마련하는 활동으로 이끕니다. 다만 아이가 활동을 시작했다면 집중에 방해가 되지 않도록 거리를 두고 지켜봅니다.

❹ 인내심을 갖고 아이를 지켜봅니다.

아이가 무엇에 집중하면 좋을지 고민하거나 도움이 필요해 보일 때 주의 깊게 관찰하고 도움을 줄 적절한 시기를 기다립니다.

❺ 아이가 부르면 곧바로 곁으로 가서 아이의 말을 경청합니다.

아이가 원하면 반드시 그곳으로 가서 아이의 말을 경청해 줍니다.

❻ 아이가 원하는 것이 무엇인지 파악합니다.

아이의 말에 귀를 기울이는 것은 물론, 깊은 관찰을 통해서 아이가 말로 표현하지 못하는 요구나 서툰 부분을 파악합니다.

❼ 활동하는 아이를 존중하고 방해하거나 말을 걸지 않습니다.

아이가 집중해서 활동하는 순간은 매우 중요합니다. 아이에게 질문을 하거나 말을 걸어서 활동을 중단시키거나 방해하지 않도록 주의합니다.

❽ 틀린 것을 노골적으로 지적하지 않습니다.

'잘못했다', '틀렸다'라며 꾸짖거나 지적하지 않습니다. 반복적인 활동 속에서 아이가 스스로 깨달을 때까지 기다립니다. 잘못을 극복하는 데 필요한 최소한의 도움만 줍니다.

❾ 휴식을 취하고 있는 아이에게 무리하게 활동을 시키지 않습니다.

아이가 휴식을 취하거나 다른 친구의 작업을 바라볼 때는 그대로 놔둡니다. 주의를 주거나 무리하게 다른 활동을 하도록 강요하지 않습니다.

❿ 활동을 거부하거나 이해하지 못하는 아이에게는 인내심을 갖고 지속적으로 제안합니다.

한 번 제안한 활동을 아이가 거부한다면 "그럼 다음에 다시 해 보자!"라며 다른 날 다시 제안합니다.

⑪ 존재를 느끼게 하면서도 적당한 거리를 둡니다.

언제나 아이를 바라보고 있다는 사실을 아이가 느끼게 하고, 그 존재감을 느낀 아이가 안심하고 활동에 집중할 수 있도록 돕습니다. 아이가 안심하면 능숙하게 적당한 거리를 두고 아이를 지켜봅니다.

⑫ 활동을 마친 아이에게 스스로 해냈다는 점을 조용히 인정해 줍니다.

아이가 활동 중일 때는 거리를 두고 있다가 활동이 끝나면 아이가 혼자서 끝까지 해낸 점, 열심히 활동을 수행한 점을 인정해 줍니다.

어떤가요? 교실 앞에서 칠판에 적은 내용을 학생들에게 필기시키는 선생님의 모습과는 상당히 다르죠? 이런 마음가짐을 통해 우리는 몬테소리 교육이 교사와 학생, 부모와 자녀를 상하 관계가 아닌 한 인격체로서 경의를 갖고 동등하게 대한다는 것을 알 수 있습니다.

또한, 마리아 몬테소리가 얼마나 '아이가 집중하는 상태'를 중요하게 여겼는지도 잘 알 수 있습니다. 우리는 종종 열심히 노력하고 있는 자녀의 눈앞에서 말을 걸거나 서툰 부분을 대신해 주려고 하고, 잘하면 박수를 치며 칭찬합니다. 아이에게 좋을 것이라고 생각했던 이러한 행동들이 오히려 아이의 집중에 방해가 된다는 사실을 깨달았으면 합니다.

홈메이드 몬테소리에서 가장 중요한 것은 부모가 자신의 위치와 태도를 명확히 해야 한다는 점입니다. 위의 내용을 이해하고 해석한 후에 공감이 가는 부분부터 자신에게 적용해 보길 바랍니다.

진정한 글로벌화와 세계평화

몬테소리 교육은 빅뱅으로 우주가 탄생했다는 것부터 이야기를 시작합니다. 광대한 우주 속의, 은하계 안의, 태양계 안의, 지구에 우리가 살고 있다는 것을 전달합니다. 몬테소리 교육에서 사용하는 지구본에는 갈색과 파란색, 두 가지 색밖에 없습니다. 몬테소리 교사는 아이들에게 "파란색으로 미끌미끌한 부분이 바다고, 갈색으로 까칠까칠한 부분이 육지란다. 우리 인간은 모두 육지에 살아."라고 말해 줍니다.

이 지구본에는 국경도 없습니다. 국경이라는 것은 인간이 마음대로 설정한 것으로, 본래는 모두 똑같은 '지구인'이라는 개념을 전달하기 위함입니다. 이렇게 아이들과 이야기를 나누고 나서야 비로소 국경이 나뉜 일반적인 지구본을 보여 주고 우리가 살고 있는 나라의 위치를 확인시켜 줍니다. 어떤가요? 우리가 공교육에서 배운 것과는 그 방식도 스케일도 확연히 다르지 않나요? 진정한 글로벌 인재를 키워 내기 어려운 이유가 바로 여기에 있습니다. 열심히 공부해서 영어 검정 시험에서 높은 레벨을 딴들 과연 진정한 글로벌 마인드를 지닌 인재가 될 수 있을까요?

전 세계적으로 '자국제일주의'의 경향이 짙어지고 있습니다. 인간이 제멋대로 만들어 낸 국경에 사로잡혀 난민과 영토 문제가 끊이지 않고 있습니다. 오늘날의 사회는 오히려 진정한 글로벌화에서 점점 멀어지고 있는 형국입니다. 모든 인류가 평화를 바라는 것은 사실입니다. 그런데 평화란 단순히 전화戰火가 꺼진 상태만을 말하는 것일까요?

본래 평화란 인간의 마음속에 존재하는 것입니다. 국경을 나누고 차단하는 것이 아니라 서로 자유롭게 왕래하고, 경제 격차가 없어지고, 기아에 굶주리는 사람이 사라지고, 마음속으로 안심할 수 있는 상태를 말합니다. 마리아 몬테소리는 정치와 경제가 아니라 교육에 의해서만 이런 진정한 평화를 이룰 수 있다고 주장했습니다. 교육을 통해 아이들의 마음속에 '자신을 배려하는 자기긍정감'과 '타인을 배려하는 사회에 대한 긍정감'이 자라야 비로소 진정한 평화의 토대를 구축할 수 있다고 단언했습니다.

1946년 12월, 스코틀랜드에 있던 마리아 몬테소리는 "지금 당신의 국적은 어디인가요?"라는 질문에 이렇게 대답했습니다.

"제 나라는 태양의 주위를 도는 별, 지구라는 곳입니다."

0~6세, 아무것도 그려지지 않은 마음속의 새하얀 도화지에 아이들이 '우리는 지구인'이라는 그림을 그릴 수 있도록 도와주는 것에서 진정한 세계평화가 시작된다고 생각합니다. 지구 전체의 규모로 세계를 바라보는 눈이 필요합니다.

구글 어스Google Earth 어플리케이션을 처음 접한 순간 저는 수준

높은 차원에 깜짝 놀라고 말았습니다. 우주의 관점에서 지구를 바라보다가 단숨에 우리 집까지 범위가 좁혀지는, 그야말로 지구 전체 규모로 세계를 바라보는 고차원적인 시스템에 눈이 휘둥그레졌습니다. 더불어 창업자인 래리 페이지와 세르게이 브린이 몬테소리 교육을 받고 자랐기에 이런 시스템을 완성할 수 있었다고 확신했습니다.

위키피디아의 지미 웨일즈는 온라인으로 세계 백과사전을 하나로 연결해서 누구나 무료로 이용할 수 있도록 했습니다. 아마존의 제프 베조스는 아마존강처럼 세계 속의 유통을 하나로 연결하려고 합니다. 그리고 이들은 사업을 통해서 얻은 거액의 부를 유아 교육에 일부 할당하기 시작했습니다. 앞으로 다가올 미래는 경제적으로 성장하는 것만이 아니라 지구인이라는 세계적인 관점에서 얼마나 평화적이고 선한 영향력을 가져올 것인가가 중요한 시대가 될 것입니다.

몬테소리 유치원에서 평화와 관련된 수업을 했을 때 아이들은 진지한 표정으로 이렇게 물었습니다. "국경은 왜 있는 거예요?", "관세가 뭐예요?", "다 같은 지구인인데 왜 서로 싸워요?"

이 질문들에 여러분이라면 어떻게 대답하시겠습니까? 일단 어른인 우리가 먼저 세계와 평화에 대한 관점을 새로이 하는 것부터 시작해야 하지 않을까요?

✽ 국경이 없는 몬테소리 교육의 지구본

마치며

이 책이 출간될 즈음이면 저는 네 번째 손주를 품에 안을 예정입니다. 80년 이상의 긴 인생을 시작하게 될 손주가 부디 희망으로 가득한 삶을 살기를 바랍니다. 이렇게 바라면서도 실은 내심 염려스러운 부분도 있습니다. 자연 재해, 이상 기후, 자원 고갈, 전쟁 등 생각하고 싶지 않지만 손주 녀석은 80년 이상의 긴 인생길을 겪으면서 다양한 일이 일어날 것을 염두에 두고 살아가야 할 것입니다.

이런 예상 밖의 사태가 발생하면 AI의 지시도, 주입식 교육으로 얻은 지식도, 정해진 매뉴얼도 아무런 도움이 되지 않을 것입니다. 오로지 자신의 몸으로 익힌, 인간만이 가진 감성과 감각 그리고 판단력만이 도움이 될 것입니다.

앞으로 우리 아이들이 살아갈 세상은 어른인 우리가 지금까지 구축해 온 것들의 결과입니다. 이는 피할 수 없는 사실입니다. 따라서 다른 사람이나 정부의 탓으로 돌리지 말고 이 시대를 사는 한 명의 인간으로서 책임감을 느껴야 하며 그 책임을 다음 세대에 전가해서는 안 될 것입니다.

그렇다면 우리 어른들이 다음 세대의 사회를 위해 지금 할 수 있는 일은 무엇일까요? 미래를 살아갈 아이들에게 올바른 환경을 제공하는 것이 아닐까요? 우리가 해야 할 일은 우리 아이들을 자신의 힘으로 살아갈 수 있는 인간으로 키워 내어 세상에 내보내는 것입니다. 이만큼 착실하고 확실한 기여는 없을 것입니다. 이 책도 그에 일조할 수 있다면 더 바랄 것이 없겠습니다.

그러나 이러한 과정에서 교육 격차라는 문제가 큰 걸림돌이 됩니다. 교육 격차가 생기는 데는 크게 두 가지 이유가 있습니다. 하나는 '지역 격차'입니다. 부모가 바라는 교육을 자녀에게 시키고 싶어도 거주 지역에 따라서 큰 격차가 존재합니다. 다른 하나는 '수입 격차'입니다. 가격표를 보고 이 책을 구입할지 말지를 망설이는 가정도 있을 것입니다. 이 두 가지 격차는 갈수록 더욱 심각하게 나타나고 있는 현상입니다. 특히 0~6세 민감기의 교육 환경 격차는 훗날 되돌릴 수 없는 성장의 격차를 낳기도 합니다.

이런 교육 격차를 해소할 수 있는 가장 좋은 방법은 부모가 자녀의 성장에 대한 올바른 지식을 갖추는 것입니다. 몬테소리 교육에 기초해서 육아 예습을 하면 자녀를 둘러싼 환경을 크게 바꿀 수 있습니다. 그것을 가능케 하는 것이 바로 SNS의 힘입니다.

앞서 SNS의 단점에 대해서만 언급했는데 반대로 장점도 많습니다. 지금은 양질의 정보를 무료로 언제 어디에서든 얻을 수 있는 시대입니다. 이런 SNS의 힘으로 어쩌면 언젠가 지역 격차는 물론 수

입 격차까지 해소할 수 있을지도 모르겠습니다. 서적과 유튜브, 메일 뉴스레터를 연동해서 누구나 언제 어디에서든 몬테소리 교육을 접할 수 있도록 하는 것이 저의 숙원 과제입니다.

끝으로 짤막한 이야기를 하나 전하고 이 책을 마치도록 하겠습니다.

어떤 아이가 열심히 '초록색 소'를 그리고 있었다.
선생님이 다가와서 아이에게 "세상에 초록색인 소는 없어."라고 주의를 주었다.
그러자 아이는 차분하게 이렇게 대답했다.
"그래서 그린 거예요."

—《국경 없는 교육자國境のない教育者》 중에서

가능성이 폭발하는 골든타임 육아

3~6세 성장발달에 딱 맞는 홈메이드 몬테소리

초판 발행 | 2023년 7월 7일
펴낸곳 | 현익출판
발행인 | 현호영
지은이 | 후지사키 다쓰히로
감 수 | 임영탁
옮긴이 | 이지현
편 집 | 황현아
디자인 | 박혜주, 이유나, 장은영
주 소 | 서울시 마포구 백범로 35, 서강대학교 곤자가홀 1층
팩 스 | 070.8224.4322
이메일 | uxreviewkorea@gmail.com

ISBN 979-11-92143-97-2